教科書ワーク もくじ

全教科書対応
数と計算 5年

① 整数や小数のしくみ
基本のワーク

答え 1ページ

☆ □にあてはまる数を書きましょう。

❶ $51.423 = 10 \times \square + 1 \times \square + 0.1 \times \square + 0.01 \times \square + 0.001 \times \square$

❷ $47.86 \times 10 = \square$, $47.86 \times 100 = \square$, $47.86 \times 1000 = \square$

❸ $29.17 \times \dfrac{1}{10} = \square$, $29.17 \times \dfrac{1}{100} = \square$, $29.17 \times \dfrac{1}{1000} = \square$

とき方 ❶ 十の位…5, $\square$ の位…1, $\dfrac{1}{10}$ の位…4, $\square$ の位…2, $\square$ の位…3

❷ 小数や整数を 10倍, 100倍, 1000倍, …すると, 位はそれぞれ 1けた, 2けた, 3けた, …上がり, 小数点は $\square$ へそれぞれ 1けた, $\square$ けた, $\square$ けた, …移ります。

❸ 小数や整数を $\dfrac{1}{10}$, $\dfrac{1}{100}$, $\dfrac{1}{1000}$, …にすると, 位はそれぞれ 1けた, 2けた, 3けた, …下がり, 小数点は $\square$ へそれぞれ 1けた, $\square$ けた, $\square$ けた, …移ります。

答え 問題の空らんに記入

---

1 □にあてはまる数を書きましょう。

❶ $315.8 = 100 \times \square + 10 \times \square + 1 \times \square + 0.1 \times \square$

❷ $70.2406 = 10 \times \square + 1 \times \square + 0.1 \times \square + 0.01 \times \square + 0.001 \times \square + 0.0001 \times \square$

2 下の式が表す数はいくつですか。

$100 \times 1 + 10 \times 0 + 1 \times 4 + 0.1 \times 0 + 0.01 \times 8 + 0.001 \times 5$

(　　　　　　)

3 次の数は, それぞれ 69.02 を何倍, または何分の一にした数ですか。

❶ 690.2　　❷ 69020　　❸ 6.902　　❹ 0.6902

(　　　) (　　　) (　　　) (　　　)

4 計算をしましょう。

❶ 8.65×100　　❷ 27.4×1000　　❸ $0.39 \div 10$　　❹ $950.7 \div 1000$

(　　　) (　　　) (　　　) (　　　)

5 下の □ に 1, 2, 3, 5, 7 のカードを 1まいずつあてはめて, 次の数をつくりましょう。　□□.□□□

❶ いちばん小さい数　　❷ いちばん大きい数　　❸ 30にいちばん近い数

(　　　　　) (　　　　　) (　　　　　)

ポイント　0から9までの数と小数点を使うと, どんな大きさの整数や小数でも表すことができます。

まとめのテスト

時間 20分

答え 1ページ

得点 /100点

1 □ にあてはまる数を書きましょう。　1つ5〔10点〕

❶ 154.26 = 100×□ + 10×□ + 1×□ + 0.1×□ + 0.01×□

❷ 79.083 = 10×□ + 1×□ + 0.1×□ + 0.01×□ + 0.001×□

2 下の式が表す数はいくつですか。　〔5点〕

10×4 + 1×9 + 0.1×1 + 0.01×0 + 0.001×6

(　　　　　　　)

3 よく出る 次の数は，それぞれ 80.07 を何倍，または何分の一にした数ですか。　1つ5〔30点〕

❶ 800.7　　　　　❷ 80070　　　　　❸ 8007

(　　　　　)　　　(　　　　　)　　　(　　　　　)

❹ 0.8007　　　　❺ 8.007　　　　　❻ 0.08007

(　　　　　)　　　(　　　　　)　　　(　　　　　)

4 5.2m の $\frac{1}{10}$，$\frac{1}{100}$ は，それぞれ何mですか。　1つ5〔10点〕

$\frac{1}{10}$(　　　　　)，$\frac{1}{100}$(　　　　　)

5 計算をしましょう。　1つ5〔30点〕

❶ 6.25×10　　　❷ 17.04×100　　　❸ 83.9×1000

(　　　　　)　　　(　　　　　)　　　(　　　　　)

❹ 70.3÷10　　　❺ 9.6÷100　　　　❻ 24.05÷1000

(　　　　　)　　　(　　　　　)　　　(　　　　　)

6 下の □ に 1，4，6，8，9 のカードを1まいずつあてはめて，次の数をつくりましょう。　□□.□□□　1つ5〔15点〕

❶ いちばん小さい数

(　　　　　　　)

❷ いちばん大きい数

(　　　　　　　)

❸ 60にいちばん近い数

(　　　　　　　)

チェック✓ □数を，100が何個，10が何個，1が何個，0.1が何個，…と表せたかな？
□×10，×100，×1000や÷10，÷100，÷1000ができたかな？

① 直方体や立方体の体積 (1)
基本のワーク

答え 1ページ

☆ 次の❶の直方体と❷の立方体の体積を求めましょう。

❶
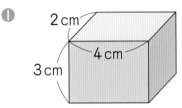
2cm
4cm
3cm

❷
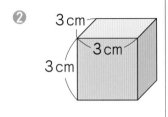
3cm
3cm
3cm

どちらが
大きいかな。

とき方 １辺が１cm の立方体の積み木の何個分かを考えます。

❶
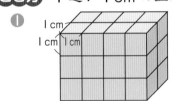
1cm
1cm 1cm

❷
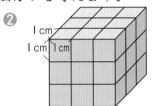
1cm
1cm 1cm

❶は１辺が１cm の立方体の積み木が ☐ 個あります。 **答え** ☐ cm³

❷は１辺が１cm の立方体の積み木が ☐ 個あります。 **答え** ☐ cm³

たいせつ

もののかさのことを，**体積**といいます。
１辺が１cm の立方体の体積を**１立方センチメートル**といい，
１cm³ と書きます。

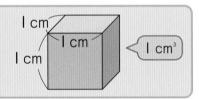
1cm
1cm
1cm
1 cm³

1 １辺が１cm の立方体で作った，次の形の体積は何cm³ ですか。

❶
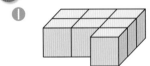

❷
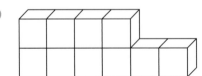

❸
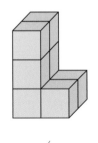

(   )   (   )   (   )

2 次のような形の体積は何cm³ ですか。

❶
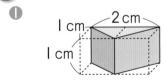
1cm 2cm
1cm

❷
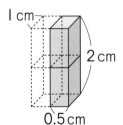
1cm
2cm
0.5cm

❸
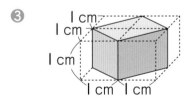
1cm
1cm
1cm
1cm 1cm

(   )   (   )   (   )

4

ポイント 体積は１辺が１cm の立方体の何個分かで表します。

② 直方体や立方体の体積 (2)
基本のワーク

答え 1ページ

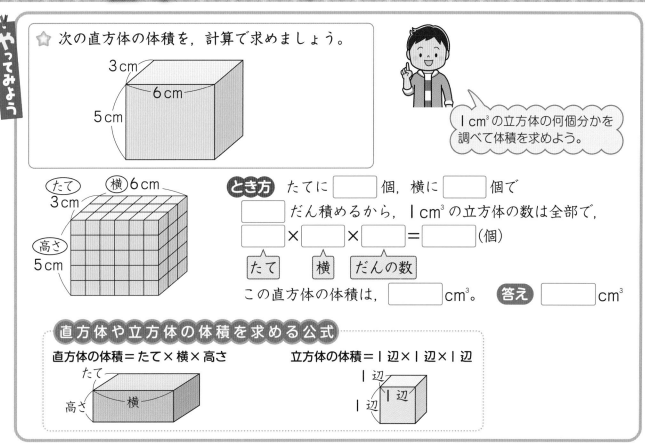

やってみよう

☆ 次の直方体の体積を，計算で求めましょう。

3 cm
6 cm
5 cm

1 cm³ の立方体の何個分かを調べて体積を求めよう。

たて　横6 cm
3 cm
高さ
5 cm

とき方 たてに □ 個，横に □ 個で

□ だん積めるから，1 cm³ の立方体の数は全部で，

□ × □ × □ = □ （個）

たて　横　だんの数

この直方体の体積は，□ cm³。　**答え** □ cm³

直方体や立方体の体積を求める公式

直方体の体積＝たて×横×高さ　　　**立方体の体積＝1辺×1辺×1辺**

たて
高さ　横

1辺
1辺　1辺

① 次の直方体や立方体の体積は何cm³ ですか。

❶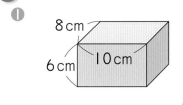
8 cm
6 cm　10 cm

（　　　　　）

❷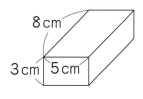
8 cm
3 cm　5 cm

（　　　　　）

❸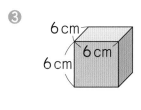
6 cm
6 cm
6 cm

（　　　　　）

❹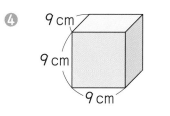
9 cm
9 cm
9 cm

（　　　　　）

② 次の図は直方体の展開図です。この直方体の体積は何cm³ ですか。

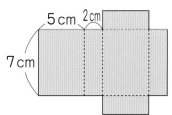
5 cm　2 cm
7 cm

（　　　　　）

ポイント 直方体の体積は，たて，横，高さを表す数をかければ求めることができます。

5

2 体積

③ 大きな体積
基本のワーク

答え 1ページ

☆ 下のような直方体の体積を求めましょう。

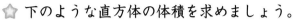
2m
3m
7m

面積のときと同じように
大きな体積の単位を学ぼう。

とき方 1辺が1mの立方体が全部で何個分あるかを考えます。

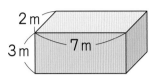

□×□×□=□（個）

たて　　横　　だんの数

この直方体の体積は，□ m³。

答え □ m³

たいせつ

大きなものの体積を表すには，1辺が1mの立方体の体積を単位にします。
1辺が1mの立方体の体積を **立方メートル** といい，1 m³ と書きます。

1m
1m
1m

❶ 1 m³ は何 cm³ ですか。

1m（100cm）
1m（100cm）
1m（100cm）

1辺の長さを cm の単位
で考えて求めよう。

1 m³ = □ cm³

❷ 次の直方体や立方体の体積は何 m³ ですか。また，何 cm³ ですか。

①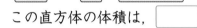
3m
4m
3m

（　　　　 m³）
（　　　　 cm³）

②
5m
5m
5m

（　　　　 m³）
（　　　　 cm³）

❸ 次のような直方体の体積は何 m³ ですか。

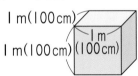
1.5m
3m
1m

1.5×□×□=□

答え（　　　　 m³）

❹ 次のような直方体の体積は何 m³ ですか。

①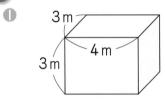
1.4m
2m
2m

（　　　　　）

②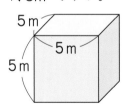
80cm
1m
2m

（　　　　　）

6

ポイント
大きな直方体や立方体の体積は，1辺が1mの立方体の何個分あるかで考えます。

④ いろいろな体積の単位，容積
基本のワーク

答え 2ページ

☆ 右のような厚さ1cmの直方体の形をした入れ物があります。
この入れ物に入る水の体積は，何cm³ですか。

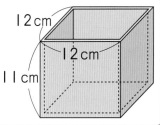

とき方 入れ物の内側のたて，横，深さを使って求めます。
入れ物の内側の長さを内のりといいます。

入れ物に入る水の体積は，

□ × □ × □ = □

内のりのたて　内のりの横　深さ

答え □ cm³

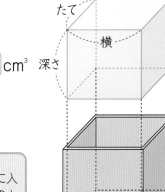

いろいろな体積の単位

1L=1000cm³
また，1L=1000mL だから，
1000mL=1000cm³で，1mL=1cm³

たいせつ
入れ物の中にいっぱいに入る水などの体積を，その入れ物の**容積**といいます。

---

❶ 1m³ は何L ですか。

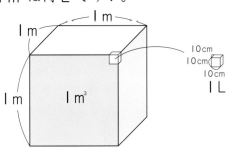

1m³ の立方体の中に，1L の立方体(1辺が10cm の立方体)が全部で何個分あるかを考えます。

□ × □ × □ = □ (個)

答え 1m³= □ L

❷ □にあてはまる数を書きましょう。

① 3L= □ cm³

② 800mL= □ cm³

③ 5m³= □ L

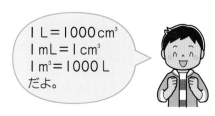
1L=1000cm³
1mL=1cm³
1m³=1000L
だよ。

❸ 右のような入れ物の容積は何cm³ですか。
また，何L ですか。

(　　　　 cm³)

(　　　　 L)

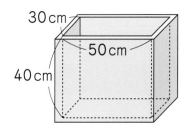

ポイント 1L=1000cm³，1mL=1cm³，1m³=1000L の関係をしっかり覚えましょう。

⑤ 体積の求め方のくふう

基本のワーク

答え 2ページ

☆ 右のような形の体積を求めましょう。

とき方 次の2つの方法で求めましょう。

《1》 たてに切って，2つの直方体に分けて考えます。

$8 \times 4 \times \boxed{} + 8 \times 8 \times \boxed{} = \boxed{}$

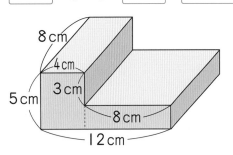

直方体の体積の公式を使って求められるようにくふうするんだね。

《2》 大きな直方体から小さな直方体をひいて考えます。

$8 \times \boxed{} \times 5 - 8 \times 8 \times \boxed{} = \boxed{}$

答え $\boxed{}$ cm³

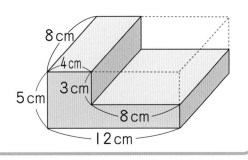

1 次のような形の体積を求めましょう。

①
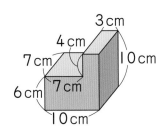

(　　　　　)

②
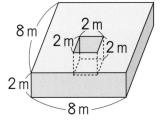

(　　　　　)

③
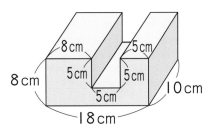

(　　　　　)

④
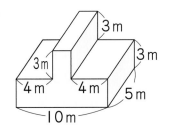

(　　　　　)

ポイント 複雑な形の体積も，直方体や立方体の体積をもとにして考えれば求めることができます。

まとめのテスト

答え 2ページ

時間 **20**分

得点 ／100点

1 よく出る 次の直方体や立方体の体積を，（　）の中の単位で求めましょう。　1つ15〔60点〕

❶ （cm³）

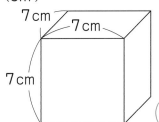
7 cm
7 cm
7 cm

（　　　　　　）

❷ （m³）

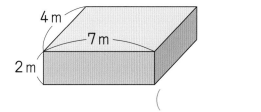
4 m
7 m
2 m

（　　　　　　）

❸ （cm³）

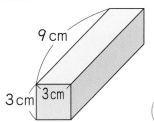
9 cm
3 cm
3 cm

（　　　　　　）

❹ （m³）

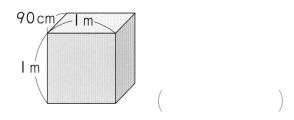
90 cm
1 m
1 m

（　　　　　　）

2 次の展開図を組み立ててできる直方体の体積は，何cm³ですか。　〔10点〕

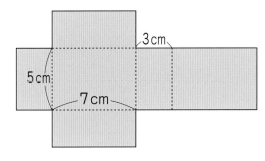
3 cm
5 cm
7 cm

（　　　　　　）

3 次のような入れ物の容積は何cm³ですか。また，何Lですか。　1つ5〔10点〕

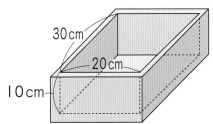
30 cm
20 cm
10 cm

（　　　　　　cm³）（　　　　　　L）

4 次のような形の体積を求めましょう。　1つ10〔20点〕

❶

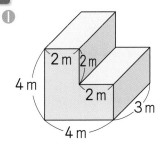
2 m 2 m
4 m
2 m
3 m
4 m

（　　　　　　）

❷

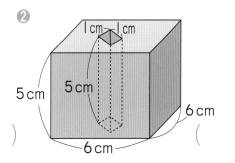
1 cm 1 cm
5 cm
5 cm
6 cm
6 cm

（　　　　　　）

 チェック ✔ □ 直方体，立方体の体積は求められたかな？
□ 直方体や立方体の形をもとにして体積を求められたかな？

① 小数×整数
基本のワーク

答え 2ページ

☆ 2.7×69 の計算をしましょう。

とき方

```
    2.7
  ×  6 9
  □ □ □   ← 27×9
```
整数のかけ算と
同じように計算する。

```
    2.7
  ×  6 9
    2 4 3
  □ □ □   ← 27×6
  □ □ □ □
```

 小数点の右 …□けた

```
    2.7
  ×  6 9
    2 4 3
  1 6 2
  □ □ □ □   ←□けた
```
積に小数点をうつ。

 **たいせつ**
積の小数点は，
かけられる数の
小数点にそろえ
てうちます。

答え □

① 計算をしましょう。

①
```
   0.8
 × 1 8
```

②
```
  3 2.4
 ×    5
```

③
```
  6.7 8
 ×   4 2
```

 小数点より下
の位の最後の
0は消すよ。

② 計算をしましょう。

①
```
   0.6
 ×   5
```

②
```
   4.3
 ×   9
```

③
```
   7.2
 ×   5
```

④
```
  2 9.6
 ×    4
```

⑤
```
   0.7
 × 1 9
```

⑥
```
   3.6
 × 2 7
```

⑦
```
   8.5
 × 4 4
```

⑧
```
   5.7
 × 3 0
```

⑨
```
  2 3.7
 ×   3 2
```

⑩
```
  0.4 6
 ×   5 3
```

⑪
```
  8.4 3
 ×   2 9
```

⑫
```
  4.7 2
 ×   3 5
```

③ 計算をしましょう。

① 5.6×53

② 2.8×45

③ 3.07×68

ポイント 小数×整数の計算は，整数のかけ算と同じように計算してから，かけられる数の小数点に
そろえて，積の小数点をうちます。

② 整数×小数
基本のワーク

答え 2ページ

☆ 32×0.46 の計算をしましょう。

とき方

$$
\begin{array}{r}
3\ 2 \\
\times\ 0.4\ 6 \\
\hline
\square\ \square\ \square
\end{array}
$$
整数のかけ算と
同じように計算する。

→

$$
\begin{array}{r}
3\ 2 \\
\times\ 0.4\ 6 \\
\hline
1\ 9\ 2 \\
\square\ \square\ \square \\
\hline
\square\ \square\ \square\ \square
\end{array}
$$

→

$$
\begin{array}{r}
3\ 2 \\
\times\ 0.4\ 6 \\
\hline
1\ 9\ 2 \\
1\ 2\ 8 \\
\hline
\square
\end{array}
$$
小数点の右
…2けた

←2けた
積に小数点をうつ。

さんこう

32×0.46
=32×46÷100
=1472÷100

答え [　　　]

① □にあてはまる数を書きましょう。

13×0.07＝13×7÷[　] ＝91÷[　] ＝[　]

② 計算をしましょう。

①
$$\begin{array}{r} 9 \\ \times\ 4.3 \\ \hline \end{array}$$

②
$$\begin{array}{r} 40 \\ \times\ 5.7 \\ \hline \end{array}$$

③
$$\begin{array}{r} 15 \\ \times\ 0.8 \\ \hline \end{array}$$

④
$$\begin{array}{r} 12 \\ \times\ 2.4 \\ \hline \end{array}$$

⑤
$$\begin{array}{r} 214 \\ \times\ \ \ 7.5 \\ \hline \end{array}$$

⑥
$$\begin{array}{r} 43 \\ \times\ 0.17 \\ \hline \end{array}$$

⑦
$$\begin{array}{r} 76 \\ \times\ 0.54 \\ \hline \end{array}$$

⑧
$$\begin{array}{r} 385 \\ \times\ 0.42 \\ \hline \end{array}$$

③ 計算をしましょう。

① 14×5.3

② 85×1.4

③ 126×3.7

④ 35×0.14

⑤ 40×2.27

⑥ 532×0.16

④ 積が 30 より小さくなるのはどれですか。

㋐ 30×0.9   ㋑ 30×1.2   ㋒ 30×0.71

かける数の大
きさに注目し
よう。

(　　　　　)

ポイント 整数×小数の計算は、整数のかけ算と同じように計算してから、かける数の小数点にそろえて、積の小数点をうちます。

11

③ 小数×小数 (1)
基本のワーク

答え 2ページ

やってみよう

☆ 3.7×5.8 の計算をしましょう。

とき方

$$
\begin{array}{r}
3.7 \\
\times 5.8 \\
\hline
\square\square\square
\end{array}
$$

小数点がないもの
として計算する。

→

$$
\begin{array}{r}
3.7 \\
\times 5.8 \\
\hline
2\ 9\ 6 \\
\square\square\square \\
\hline
\square\square\square\square
\end{array}
$$

→

小数点の右

$$
\begin{array}{r}
3.7 \quad \cdots\square けた \\
\times 5.8 \quad \cdots\square けた \\
\hline
2\ 9\ 6 \\
1\ 8\ 5 \\
\hline
\square\square\square\square \quad \leftarrow\square けた
\end{array}
$$

積に小数点をうつ。

さんこう

3.7×5.8
=37×58÷100
=2146÷100

答え

1 □ にあてはまる数を書きましょう。

4.5×6.7＝45×67÷□＝3015÷□＝□

2 計算をしましょう。

①
$$
\begin{array}{r}
3.2 \\
\times 0.4 \\
\hline
\end{array}
$$

②
$$
\begin{array}{r}
0.3 \\
\times 9.5 \\
\hline
\end{array}
$$

③
$$
\begin{array}{r}
1.2 \\
\times 4.8 \\
\hline
\end{array}
$$

④
$$
\begin{array}{r}
5.1 \\
\times 3.7 \\
\hline
\end{array}
$$

⑤
$$
\begin{array}{r}
6.9 \\
\times 0.8 \\
\hline
\end{array}
$$

⑥
$$
\begin{array}{r}
0.6 \\
\times 2.8 \\
\hline
\end{array}
$$

⑦
$$
\begin{array}{r}
3.6 \\
\times 2.3 \\
\hline
\end{array}
$$

⑧
$$
\begin{array}{r}
7.4 \\
\times 8.9 \\
\hline
\end{array}
$$

⑨
$$
\begin{array}{r}
12.1 \\
\times \quad 0.5 \\
\hline
\end{array}
$$

⑩
$$
\begin{array}{r}
45.8 \\
\times \quad 0.9 \\
\hline
\end{array}
$$

⑪
$$
\begin{array}{r}
39.2 \\
\times \quad 2.3 \\
\hline
\end{array}
$$

⑫
$$
\begin{array}{r}
57.5 \\
\times \quad 8.1 \\
\hline
\end{array}
$$

3 計算をしましょう。

① 3.5×0.9

② 4.1×2.7

③ 24.8×5.6

4 積が 4.7 より小さくなるのはどれですか。

㋐ 4.7×1.1

㋑ 4.7×0.9

㋒ 4.7×2.1

(　　　　　)

ポイント 小数×小数の計算は，小数点がないものとして計算し，積の小数点は，かけられる数とか
ける数の小数点の右にあるけた数の和だけ，右から数えてうちます。

④ 小数×小数 (2)
基本のワーク

答え 3ページ

☆ 計算をしましょう。
① 0.5×1.2　　　② 0.4×0.2

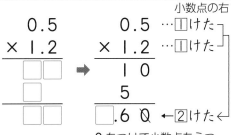

とき方 ①

```
  0.5      0.5  …□けた
×1.2     ×1.2  …□けた
□□   →   1 0
 □        5
□□      □.6 0  ←□けた
```
0をつけて小数点をうつ。
右はしの0は消す。

答え □

②
```
 0.4      0.4  …□けた
×0.2  →  ×0.2  …□けた
 □      □□8  ←□けた
```
小数点の右が2けたになるから、0を2つつけて、小数点をうつ。

答え □

1 計算をしましょう。

①
```
  0.8
× 9.5
```
②
```
 3 2.4
×  1.5
```
③
```
  2.3
× 0.4
```
④
```
  0.8
× 0.7
```

⑤
```
  8.5
× 0.4
```
⑥
```
  1.6
× 1.5
```
⑦
```
  4.5
× 6.8
```
⑧
```
 6 0.5
×   4.2
```

⑨
```
  0.6
× 1.2
```
⑩
```
  0.2
× 0.3
```
⑪
```
  0.6
× 0.5
```
⑫
```
  2.5
× 2.4
```

2 計算をしましょう。
① 0.3×2.8　　② 4.5×7.4　　③ 22.5×1.6

0を2つ
消す場合も
あるよ。

ポイント　積の小数点をうつときに0をつけ加えたり、右はしの0を消したりする計算に注意しましょう。

⑤ 小数×小数 (3)
基本のワーク

答え 3ページ

 やってみよう

☆ 5.48×0.93 の計算をしましょう。

とき方

```
    5.4 8
  ×0.9 3
  □□□□
```
小数点がないもの
として計算する。

➡

```
    5.4 8
  ×0.9 3
  1 6 4 4
  □□□□
  □□□□□
```

➡

```
      5.4 8  …2けた
    ×0.9 3  …2けた
    1 6 4 4
    4 9 3 2
    □□□□□  ←4けた
```
積に小数点
をうつ。

小数点の右

 たいせつ

積の小数点は，かけられる数とかける数の小数点の右にあるけた数の和だけ，右から数えてうちます。

答え □

① 計算をしましょう。

❶
```
    0.8 1
  ×   1.5
```

❷
```
    9.6
  ×0.3 3
```

❸
```
    7 2.3
  ×0.0 6
```

❹
```
    7.2 5
  ×   7.5
```

❺
```
    4 3.7
  ×0.5 6
```

❻
```
    2.5 7
  ×2 6.8
```

❼
```
    8.2 1
  ×0.3 7
```

❽
```
    0.5 9
  ×4.1 2
```

❾
```
    3.2 6
  ×7.9 8
```

② 計算をしましょう。

❶
```
    0.1 2
  ×   0.8
```

❷
```
    7 2.5
  ×0.0 4
```

0 をつけ加えたり，消したりすることに注意しよう。

❸
```
    0.4 5
  ×0.3 7
```

❹
```
    0.4 8
  ×0.9 5
```

❺
```
    0.0 8
  ×0.7 5
```

ポイント かけられる数やかける数の小数点以下のけた数がふえても，積の小数点のうち方や 0 のつけ方，消し方は，今までと同じです。

⑥ 計算のきまりとくふう
基本のワーク

答え 3ページ

☆ くふうして計算しましょう。

❶ 5.3×2.5×4

❷ 4.6×3.7+5.4×3.7

とき方 ❶ 5.3×2.5×4

= 5.3×(☐ ×4)

= 5.3× ☐

= ☐ 　答え ☐

❷ 4.6×3.7+5.4×3.7

= (4.6+ ☐)×3.7

= ☐ ×3.7

= ☐ 　答え ☐

 たいせつ

次のような計算のきまりは，小数のときも成り立ちます。

・■×●=●×■ 　　　　　・(■+●)×▲=■×▲+●×▲

・(■×●)×▲=■×(●×▲) 　・(■-●)×▲=■×▲-●×▲

---

1 ☐ にあてはまる数を書きましょう。

❶ 4×3.7×0.5

= (☐ × ☐)×3.7

= ☐ ×3.7

= ☐

❷ 2.3×1.5+1.7×1.5

= (☐ + ☐)×1.5

= ☐ ×1.5

= ☐

❸ 9.8×3.2

= (10- ☐)×3.2

= 10×3.2- ☐ ×3.2

= 32- ☐

= ☐

2 くふうして計算しましょう。

❶ 4.6×4×2.5

❷ 0.5×3.3×6

❸ 7.3×0.25×4

❹ 2.5×6.3×8

3 くふうして計算しましょう。

❶ 2.4×0.7+1.6×0.7

❷ 3.8×4.9+6.2×4.9

❸ 8.4×2.8-3.4×2.8

❹ 9.7×23

9.7=10-0.3 として，計算のきまりを使おう。

 問題の式の形に注目して，どの計算のきまりを使えばよいか考えます。

時間 20分

得点 /100点

答え 3ページ

1 □ にあてはまる数を書きましょう。 1つ5〔10点〕

① $9 \times 0.4 = 9 \times 4 \div \boxed{}$

$= 36 \div \boxed{}$

$= \boxed{}$

② $3.2 \times 0.7 = 32 \times 7 \div \boxed{}$

$= 224 \div \boxed{}$

$= \boxed{}$

2 よく出る 計算をしましょう。 1つ6〔72点〕

①
```
  0.18
×    9
```

②
```
   5.5
×  24
```

③
```
    42
× 0.7
```

④
```
    30
× 6.8
```

⑤
```
   0.8
× 4.3
```

⑥
```
   3.2
× 5.1
```

⑦
```
  21.5
×   3.3
```

⑧
```
   0.3
× 2.9
```

⑨
```
   0.1
× 0.9
```

⑩
```
   0.46
×   2.7
```

⑪
```
   5.36
× 0.24
```

⑫
```
    4.5
× 0.22
```

3 積が 14 より小さくなるのはどれですか。 〔6点〕

㋐ 14×0.6 　　㋑ 14×1.2 　　㋒ 14×1.03 　　㋓ 14×0.98

(　　　　　　)

4 よく出る くふうして計算しましょう。 1つ6〔12点〕

① $1.7 \times 2.5 \times 4$

② $2.7 \times 0.5 + 7.3 \times 0.5$

チェック ☑ □小数のかけ算のやり方がわかったかな？
□かけられる数より積が小さくなるものがわかったかな？

まとめのテスト❷

答え 3ページ

時間 20分

得点 /100点

1 85×34＝2890 をもとにして，次の積を求めましょう。　　　　　　　1つ4〔12点〕

❶ 85×3.4

❷ 8.5×3.4

❸ 0.85×0.34

2 よく出る 計算をしましょう。　　　　　　　1つ5〔60点〕

❶
```
   0.7
×  5 4
```

❷
```
   1.8
×  2 5
```

❸
```
    2 8
×  5.3
```

❹
```
    1 2 4
×  0.3 2
```

❺
```
    4 0
×  0.2 4
```

❻
```
   5.7
×  0.3
```

❼
```
   1.6
×  3.6
```

❽
```
   2.5
×  7.2
```

❾
```
   0.8
×  0.5
```

❿
```
   0.1 5
×    0.6
```

⓫
```
    4 2.3
×  0.5 5
```

⓬
```
   2.4 5
×  3.1 4
```

3 計算をしましょう。　　　　　　　1つ4〔12点〕

❶ 7×0.02

❷ 0.3×0.3

❸ 50×4.2

4 （　）の中の式で，積が大きいのはどちらですか。　　　　　　　1つ3〔6点〕

❶ （8×0.9　8×1.1）

❷ （4.5×1.02　4.5×0.98）

（　　　　　　　　）　　　　　　（　　　　　　　　）

5 よく出る くふうして計算しましょう。　　　　　　　1つ5〔10点〕

❶ 8×8.3×2.5

❷ 3.2×4.2＋1.8×4.2

チェック ✔ □ 0をつけ加えてから小数点をうてたかな？
　　　　　　□ くふうして計算ができたかな？

4 小数のわり算(1)

① 整数でわるわり算
基本のワーク

答え　4ページ

☆ わり切れるまで計算をしましょう。

① 5.6÷8　　　　　　　② 2.1÷6

とき方

①

> 5÷8で一の位に商がたたないから，商の一の位に0を書き，小数点をうつ。

$$0.$$
$$8)\overline{5\uparrow6} \Rightarrow 8)\overline{5.6}$$

> 56÷8で商をたてる。

答え □

②

$$0.3$$
$$6)\overline{2\uparrow1} \Rightarrow 6)\overline{2.1}$$
$$\underline{18}$$
$$3$$

> 2.1を2.10と考えて計算をする。

> 0をつけたして30÷6を計算する。

答え □

---

1 計算をしましょう。

①　$6)\overline{7.2}$

②　$4)\overline{50.8}$

③　$3)\overline{14.4}$

④　$9)\overline{8.1}$

⑤　$28)\overline{89.6}$

⑥　$42)\overline{29.4}$

⑦　$6)\overline{12.24}$

⑧　$17)\overline{3.06}$

⑨　$9)\overline{0.45}$

---

2 わり切れるまで計算をしましょう。

①　$8)\overline{28}$

②　$4)\overline{11}$

③　$28)\overline{21}$

④　$5)\overline{8.7}$

⑤　$24)\overline{51.6}$

⑥　$16)\overline{11.6}$

ポイント　小数÷整数の計算は，整数のわり算と同じように計算してから，わられる数にそろえて，商の小数点をうちます。

② 小数でわるわり算 (1)
基本のワーク

答え 4ページ

やってみよう

☆ 400÷2.5 の計算をしましょう。

とき方

400÷2.5 = [?]

↓10倍　↓10倍　　等しい

4000÷25 = 160

わる数が整数になるように，400 と 2.5 を [　] 倍して求めます。

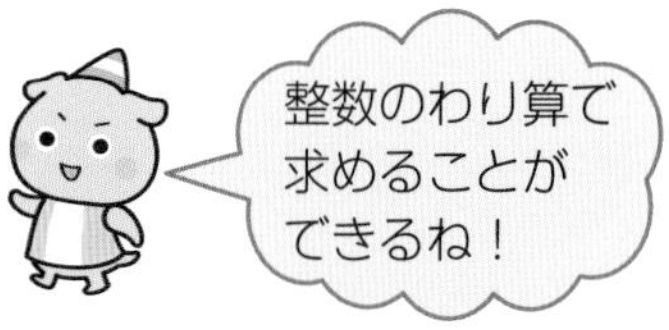

整数のわり算で求めることができるね！

400÷2.5 = (400× [　]) ÷ (2.5×10)

= [　] ÷25

= [　]

答え [　]

たいせつ

小数でわる計算は，わる数が整数になるように，わる数とわられる数に同じ数をかけて計算することができます。

1 計算をしましょう。

① 480÷1.2 = [　] ÷12

= [　]

② 6÷1.5 = [　] ÷15

= [　]

③ 27÷0.3 = [　] ÷3

= [　]

④ 72÷0.6 = [　] ÷6

= [　]

2 計算をしましょう。

① 9÷1.5

② 10÷2.5

③ 100÷2.5

④ 24÷0.8

⑤ 78÷0.6

⑥ 48÷0.4

ポイント わる数が小数のときでも，整数のときと同じように計算することができます。

③ 小数でわるわり算(2)

基本のワーク

答え 4ページ

やってみよう

☆ 計算をしましょう。

① 4.8÷1.6　　　　② 2.72÷1.6

とき方

① 1.6)4.8 ➡ 1,6)4,8 ➡ 1,6)4,8

（10倍）

わる数 1.6 が整数になるように小数点を右に □ けた移す。

わられる数 4.8 の小数点も右に □ けた移して計算する。

答え □

② 商の小数点は，わられる数の右に移した小数点にそろえてうつ。

```
      1.              1.□
1,6)2,7,2      1,6)2,7,2
    1 6    ➡      1 6
    1 1          1 1□
                 □□□
                   □
```

答え □

たいせつ

・わる数が整数になるように，わる数とわられる数の小数点を，同じ数だけ右に移して計算します。
・商の小数点は，わられる数の右に移した小数点にそろえてうちます。

---

1 計算をしましょう。

① 1.3)5.2

② 5.2)31.2

③ 1.5)46.5

④ 7.2)64.8

⑤ 3.3)69.3

⑥ 3.6)7.56

⑦ 2.8)8.68

⑧ 5.3)35.51

⑨ 2.7)10.26

ポイント 商の小数点の位置に注意しながら計算しましょう。

④ 小数でわるわり算 (3)
基本のワーク

答え 4ページ

☆ わり切れるまで計算しましょう。

❶ 2.52÷3.6 ❷ 8.5÷3.4

やってみよう

とき方

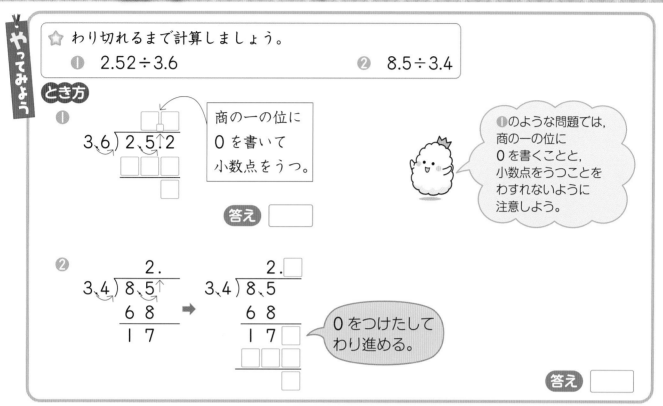

❶

$3.6\overline{)2.5\,2}$

商の一の位に
0を書いて
小数点をうつ。

答え □

❶のような問題では,
商の一の位に
0を書くことと,
小数点をうつことを
わすれないように
注意しよう。

❷

$3.4\overline{)8.5}$　2.
　68
　17
→
$3.4\overline{)8.5}$　2.□
　68
　17

0をつけたして
わり進める。

答え □

1 わり切れるまで計算しましょう。

❶ $4.8\overline{)1.9\,2}$

❷ $3.2\overline{)2.5\,6}$

❸ $4.2\overline{)3.7\,8}$

❹ $3.5\overline{)9.1}$

❺ $4.5\overline{)9.9}$

❻ $3.4\overline{)1\,8.7}$

❼ $2.4\overline{)1.8}$

❽ $1.5\overline{)1.2\,6}$

❾ $8.4\overline{)1.0\,5}$

ポイント わられる数がわる数より小さいときは,商の一の位に0を書いて小数点をうちましょう。
また,0をつけたしてわり進めることに気をつけながら計算しましょう。

⑤ 小数でわるわり算(4)
基本のワーク

答え 4ページ

やってみよう

☆ わり切れるまで計算をしましょう。
① 6÷2.5　　　　　　　　② 8.26÷2.36

とき方

① 2.5)6.

わられる数の小数点を移してから0をつけたして計算する。

6を10倍するから、0をつけたすんだね。

答え □

② 2.36)8.26 → 2､36)8.26 → 2､36)8,26↑
　　　　100倍　　　　　　100倍

```
         3.5
2,36)8,26
     708
    1180
    1180
       0
```

わる数 2.36 が整数になるように小数点を右に □ けた移す。
わられる数 8.26 の小数点も右に □ けた移す。

答え □

1 わり切れるまで計算をしましょう。

①　3.2)8

②　4.8)30

③　2.4)9

④　7.5)42

⑤　2.5)24

⑥　2.4)54

⑦　3.12)4.68

⑧　3.14)1.57

⑨　1.58)47.4

ポイント　どんな小数のわり算でも、わる数が整数になるように小数点を移して計算します。商の小数点は、わられる数の右に移した小数点にそろえてうちます。

⑥ 小数でわるわり算（5）
基本のワーク

答え 5ページ

☆ 1.8 m で 360 円の赤いリボンと，0.9 m で 360 円の青いリボンがあります。

❶ 1 m のねだんは，それぞれいくらですか。

❷ ❶をわり算で求めたとき，商がわられる数の 360 より大きくなるのは，どちらですか。

とき方 ❶ 1 m のねだんを求めましょう。

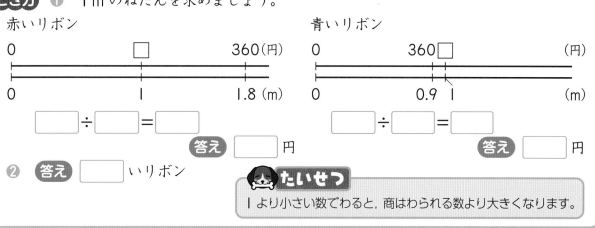

赤いリボン

青いリボン

$\boxed{} \div \boxed{} = \boxed{}$　　　　$\boxed{} \div \boxed{} = \boxed{}$

答え $\boxed{}$ 円　　　　答え $\boxed{}$ 円

❷ 答え $\boxed{}$ いリボン

たいせつ

1 より小さい数でわると，商はわられる数より大きくなります。

❶ 商が 18 より大きくなるのはどれですか。

　㋐　18÷0.6　　　　　㋑　18÷0.9

　㋒　18÷1.2　　　　　㋓　18÷1.6

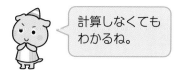
計算しなくても
わかるね。

（　　　　　　　）

❷ わり切れるまで計算をしましょう。

①　0.3⟌19.5　　　　②　0.7⟌3.15

③　0.4⟌5.4　　　　④　0.8⟌3.8

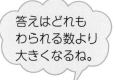
答えはどれも
わられる数より
大きくなるね。

ポイント　1 より小さい数でわると，商はわられる数より大きくなります。
　　　　　　　1 より大きい数でわると，商はわられる数より小さくなります。

まとめのテスト①

答え 5ページ

時間 20分

得点 /100点

1 □にあてはまる数を書きましょう。　　　　1つ4〔8点〕

① $4÷0.8=(4×\boxed{})÷(0.8×\boxed{})$
$=\boxed{}÷\boxed{}$
$=\boxed{}$

② $9.6÷1.2=(9.6×\boxed{})÷(1.2×\boxed{})$
$=\boxed{}÷\boxed{}$
$=\boxed{}$

2 よく出る 計算をしましょう。　　　　1つ5〔40点〕

① $3\overline{)7.2}$　　② $0.8\overline{)15.2}$　　③ $1.2\overline{)28.8}$　　④ $3.5\overline{)2.45}$

⑤ $63÷4.2$　　⑥ $9.2÷2.3$　　⑦ $3.6÷0.08$　　⑧ $8.175÷3.27$

3 よく出る わり切れるまで計算をしましょう。　　　　1つ6〔48点〕

① $6\overline{)15}$　　② $0.5\overline{)4.7}$　　③ $0.25\overline{)1.4}$　　④ $1.25\overline{)2.25}$

⑤ $12÷1.6$　　⑥ $2.8÷5.6$　　⑦ $0.75÷0.6$　　⑧ $1.371÷0.04$

4 商が 3.6 より大きくなるのはどれですか。　　　　〔4点〕

㋐ $3.6÷0.9$　　㋑ $3.6÷0.6$　　㋒ $3.6÷1.02$　　㋓ $3.6÷0.82$

（　　　　　　　）

チェック ✔ □ わられる数とわる数を 10 倍，100 倍して，わる数を整数にできたかな？
□ どんなときに商がわられる数より大きくなるかわかったかな？

まとめのテスト❷

1 918÷27＝34 をもとにして，次の商を求めましょう。　1つ2〔6点〕

① 918÷0.27　② 91.8÷0.27　③ 9.18÷2.7

2 よく出る 計算をしましょう。　1つ6〔48点〕

① 16)36.8　② 3.5)87.5　③ 0.45)7.2　④ 4.2)0.294

⑤ 81÷0.54　⑥ 59.2÷7.4　⑦ 88.56÷24.6　⑧ 9.252÷5.14

3 よく出る わり切れるまで計算しましょう。　1つ6〔42点〕

① 2.14÷4　② 88÷3.2　③ 1.8÷7.2　④ 6.3÷2.25

⑤ 4.96÷6.4　⑥ 13.65÷3.25　⑦ 8.938÷4.36

4 4.8÷□の□に，次の4つの数をあてはめます。商が最も大きくなるもの，最も小さくなるものはそれぞれどれですか。　1つ2〔4点〕

⑦ 1.6　④ 1　⑦ 0.8　⑤ 0.64

最も大きくなるもの（　　　　　）

最も小さくなるもの（　　　　　）

□ 整数のわり算をもとにして，小数のわり算の小数点がうてたかな？
□ わられる数に 0 をつけたしてからわり進める計算ができたかな？

① 小数÷整数とあまり
基本のワーク

答え 5ページ

☆ 85.6÷7 の筆算をして, 商は一の位まで求めて, あまりもだしましょう。また, 検算もしましょう。

とき方

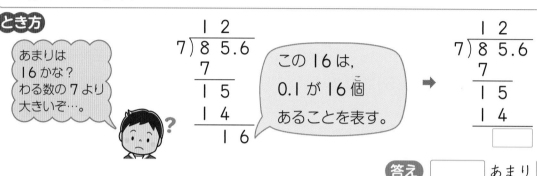

あまりは 16 かな？ わる数の 7 より 大きいぞ…。

この 16 は, 0.1 が 16 個 あることを表す。

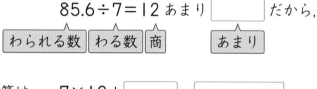

85.6÷7=12 あまり □ だから,

わられる数　わる数　商　あまり

検算は,　7×12+□=□

わる数　商　あまり　わられる数

答え □ あまり □

たいせつ

小数÷整数で, あまりの小数点は わられる数の 小数点にそろえて うちます。

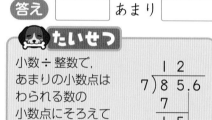

---

1 商は一の位まで求めて, あまりもだしましょう。また, 検算もしましょう。

① 4)67.4

② 18)62.2

検算（　　　　　　）　　　検算（　　　　　　）

2 商は一の位まで求めて, あまりもだしましょう。

① 8)57.2

② 3)46.7

③ 6)51.1

④ 12)38.2

⑤ 13)52.5

⑥ 26)78.9

ポイント　あまりの小数点は, わられる数の小数点にそろえてうちます。

② 小数÷小数とあまり (1)
基本のワーク

答え 6ページ

☆ 2.6÷0.7の筆算をして，商は一の位まで求めて，あまりもだしましょう。また，検算もしましょう。

とき方

あまりは5でいいのかな…。わられる数は2.6しかないけど…。

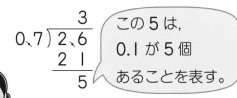

この5は，0.1が5個あることを表す。

➡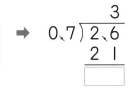

答え [　　] あまり [　　]

2.6÷0.7＝3 あまり [　　] だから，

わられる数　わる数　商　　　　あまり

検算は，　0.7×3＋[　　]＝[　　]

わる数　商　あまり　わられる数

たいせつ

小数÷小数であまりの小数点はわられる数のもとの小数点にそろえてうちます。

```
      3
0.7)2.6
    2 1
    0.5
```

---

❶ 商は一の位まで求めて，あまりもだしましょう。また，検算もしましょう。

① 0.6)5.3

② 3.7)8 9.4

検算 (　　　　　　　　)　　検算 (　　　　　　　　)

❷ 商は一の位まで求めて，あまりもだしましょう。

① 2.1)7.5

② 4.8)1 6

③ 3.8)3 2.5

④ 7.4)1 8.9

⑤ 6.7)3 8

⑥ 1.8)4.4 6

ポイント　あまりの小数点は，わられる数のもとの小数点にそろえてうちます。

③ 小数÷小数とあまり (2)
基本のワーク

答え 6ページ

やってみよう

☆ 3.28÷2.7 の筆算をして，商は $\frac{1}{10}$ の位まで求めて，あまりもだしましょう。また，検算（けんざん）もしましょう。

とき方

商の小数点は，わられる数の右に移（うつ）した小数点にそろえてうつ。

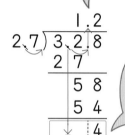

あまりの小数点は，わられる数のもとの小数点にそろえてうつ。

商とあまりの小数点をうつ位置のちがいに注意しよう！

答え ☐ あまり ☐

3.28÷2.7=1.2 あまり ☐ だから，

検算は， 2.7×1.2+☐ =☐

1 商は $\frac{1}{10}$ の位まで求めて，あまりもだしましょう。

① 0.9〉3.2 7

② 4.2〉7.5 9

③ 0.7〉0.4 1

④ 0.2 6〉0.3 5

⑤ 7.6〉2 3.6 2

⑥ 0.3〉7.4

⑦ 1.5〉4 7.6

⑧ 9.3〉6.6

⑨ 0.7 4〉0.3 2

ポイント 小数のわり算では，商の小数点はわられる数の右に移した小数点にそろえてうちます。あまりの小数点は，わられる数のもとの小数点にそろえてうちます。

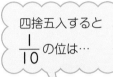

④ 小数のわり算とがい数 (1)
基本のワーク

答え 6ページ

☆ 14.2÷8.6 の商を四捨五入して，$\frac{1}{10}$ の位までのがい数で求めましょう。

とき方

$\frac{1}{10}$ の位の1つ下の $\frac{1}{100}$ の位の5を四捨五入する。

四捨五入すると $\frac{1}{10}$ の位は…

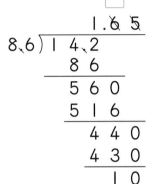

$$\begin{array}{r} 1.6\,5 \\ 8.6\,)\overline{1\,4.2} \\ 8\,6 \\ \hline 5\,6\,0 \\ 5\,1\,6 \\ \hline 4\,4\,0 \\ 4\,3\,0 \\ \hline 1\,0 \end{array}$$

たいせつ

商を四捨五入してがい数で求めるときは，求める位の1つ下の位まで計算して，その位の数を四捨五入します。

14.2÷8.6＝1.65……

答え ☐

❶ 商を四捨五入して，$\frac{1}{10}$ の位までのがい数で求めましょう。

① $0.7\,)\overline{1.6}$

② $0.9\,)\overline{4.3}$

③ $2.3\,)\overline{1\,2.8}$

④ $4.2\,)\overline{3.5}$

⑤ $1.1\,)\overline{7.2}$

⑥ $1.6\,)\overline{9.3}$

⑦ $0.6\,)\overline{1\,4.3}$

⑧ $8.7\,)\overline{1\,2}$

⑨ $2.4\,)\overline{6.3}$

ポイント 商をがい数で求める場合は，求める位の1つ下の位までわり進めて，その位の数を四捨五入します。

29

⑤ 小数のわり算とがい数 (2)
基本のワーク

答え 6ページ

やってみよう

☆ 1.9÷2.8 の商を四捨五入して，上から 2 けたのがい数で求めましょう。

とき方

上から 1 けた目は，いちばん左の 0 はふくまないよ。

　　　　2.56

| 上から 1 けた目 | 上から 2 けた目 |

　　　　0.67

```
        0.6 7 8
2,8 ) 1,9.0
      1 6 8
        2 2 0
        1 9 6
          2 4 0
          2 2 4
            1 6
```

上から 2 けたのがい数にするから，
上から 3 けた目の 8 を四捨五入する。

答え

🐶 **たいせつ**

商をがい数で求めるときは，求めるけた数より 1 けた多いけたまでわり進み，そのけたを四捨五入します。

---

❶ 商を四捨五入して，上から 2 けたのがい数で求めましょう。

① 0.6) 4.3

② 0.3) 8.2

③ 1.4) 3.8

④ 1.8) 0.7

⑤ 4.5) 2.8 4

⑥ 1.4) 6.8

⑦ 4.7) 2 5.1

⑧ 0.4 2) 3 4.8

⑨ 3.7) 2.1 6

ポイント 商をがい数で求める場合は，求めるけた数より 1 けた多いけたまでわり進み，そのけたを四捨五入します。

⑥ □を使った式
基本のワーク

答え 6ページ

☆ 次の問題に答えましょう。

❶ □×2.4＝150　の□にあてはまる数を求めましょう。

❷ 3.6×□＝1.8　の□にあてはまる数を求めましょう。

❸ □÷0.8＝300　の□にあてはまる数を求めましょう。

とき方

❶ □×2.4＝150

□にあてはまる数は,

□＝150÷□

□＝□

答え □

❷ 3.6×□＝1.8

□にあてはまる数は,

□＝1.8÷□

□＝□

答え □

❸ □÷0.8＝300

□にあてはまる数は,

□＝300×□

□＝□

答え □

かん単な式の例にあてはめて考えよう。

❶ □×2＝6 のとき,　　❷ 3×□＝6 のとき,　　❸ □÷2＝3 のとき,
□＝6÷2 で求められるね。　□＝6÷3 だね。　　□＝3×2 だね。

❶ □にあてはまる数を求めましょう。

❶ □×1.6＝240

❷ □×0.8＝18.4

❸ 4.7×□＝84.6

（　　　　　）　　（　　　　　）　　（　　　　　）

❹ 21.3×□＝76.68

❺ □÷0.5＝360

❻ □÷2.9＝7.8

（　　　　　）　　（　　　　　）　　（　　　　　）

❷ □にあてはまる数を求めましょう。

❶ □×1.5＝270

❷ 0.9×□＝2.16

❸ □÷2.6＝350

（　　　　　）　　（　　　　　）　　（　　　　　）

❹ □×2.8＝95.2

❺ 1.65×□＝2.31

❻ □÷4.4＝5.5

（　　　　　）　　（　　　　　）　　（　　　　　）

ポイント 式の中の□にあてはまる数を求めるときは，かん単な式の例にあてはめて考えてみると，考えやすくなります。

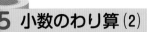

まとめのテスト❶

答え 7ページ

 時間 20分

 得点 /100点

1 よく出る 商は〔　　〕の中の位まで求めて，あまりもだしましょう。　　1つ7〔42点〕

① $7\overline{)23.4}$ 〔一の位〕　　② $11\overline{)42.3}$ 〔$\frac{1}{10}$の位〕　　③ $0.9\overline{)4.8}$ 〔一の位〕

④ $3.6\overline{)8.45}$ 〔$\frac{1}{10}$の位〕　　⑤ $1.2\overline{)4.7}$ 〔$\frac{1}{10}$の位〕　　⑥ $17\overline{)8}$ 〔$\frac{1}{100}$の位〕

2 よく出る 商を四捨五入して，〔　　〕の中の位までのがい数で求めましょう。　　1つ7〔21点〕

① $6\overline{)8.3}$ 〔$\frac{1}{10}$の位〕　　② $11\overline{)5}$ 〔$\frac{1}{10}$の位〕　　③ $2.8\overline{)4.6}$ 〔$\frac{1}{100}$の位〕

3 よく出る 商を四捨五入して，上から1けたのがい数で求めましょう。　　1つ7〔21点〕

① $8\overline{)43}$　　② $3.2\overline{)9.4}$　　③ $5.6\overline{)3.45}$

4 □にあてはまる数を書きましょう。　　1つ8〔16点〕

① □×2.4＝6　　② □÷3.5＝6.3

（　　　　　　　　）　　　　　　（　　　　　　　　）

チェック ✔ □ あまりのあるわり算で，あまりの小数点の位置がわかったかな？
□ ある位までのがい数の求め方がわかったかな？

まとめのテスト❷

時間 **20** 分

答え **7ページ**

得点 /100点

1 よく出る 商は〔　　〕の中の位まで求めて，あまりもだしましょう。　　　1つ7〔42点〕

❶ $23\overline{)17.2}$ 〔$\frac{1}{10}$ の位〕　　❷ $17\overline{)8.32}$ 〔$\frac{1}{100}$ の位〕　　❸ $2.8\overline{)59.3}$ 〔一の位〕

❹ $8.2\overline{)5.91}$ 〔$\frac{1}{10}$ の位〕　　❺ $0.41\overline{)3.2}$ 〔$\frac{1}{10}$ の位〕　　❻ $3.7\overline{)6.34}$ 〔$\frac{1}{100}$ の位〕

2 よく出る 商を四捨五入して，〔　　〕の中の位までのがい数で求めましょう。　　1つ7〔21点〕

❶ $8÷1.4$ 〔$\frac{1}{10}$ の位〕　　❷ $3.8÷0.7$ 〔$\frac{1}{10}$ の位〕　　❸ $4.32÷5.1$ 〔$\frac{1}{100}$ の位〕

3 よく出る 商を四捨五入して，上から1けたのがい数で求めましょう。　　1つ7〔21点〕

❶ $7.4÷2.3$　　　　❷ $3.56÷1.8$　　　　❸ $0.274÷0.44$

4 □にあてはまる数を書きましょう。　　　1つ8〔16点〕

❶ $4.7×□=9.87$　　　　❷ $□÷5.4=1.25$

(　　　　　　　　　)　　　　　　　(　　　　　　　　　)

チェック ✓ □「上から何けた」のがい数の求め方がわかったかな？
□ 式の中にある□にあてはまる数は求められたかな？

6 整数の性質

① 倍数と公倍数
基本のワーク

答え 7ページ

やってみよう

☆ 6の倍数と8の倍数を，小さいほうから順に，8つ求めましょう。また，求めたもののうちで，6と8の公倍数を，小さいほうから順に，全部求めましょう。

とき方 6(8)に整数をかけてできる数を，6(8)の　　　といいます。(0は入れません。)

6の倍数	6×1	6×2	6×3	6×4	6×5	6×6	6×7	6×8	...
	6	12							

8の倍数	8	16							...
	8×1	8×2	8×3	8×4	8×5	8×6	8×7	8×8	

6と8の共通な倍数を，6と8の　　　といいます。

上の表にある数のうち，6の倍数と8の倍数のどちらにもある数は，　　，　　。

たいせつ
ある数の倍数は，その数でわり切れます。

答え 6の倍数　　　　　　　　　　　　　　

8の倍数　　　　　　　　　　　　6と8の公倍数　　　　　

---

1 次の数の倍数を，小さいほうから順に，4つ求めましょう。

① 4の倍数 (　　　　)

② 9の倍数 (　　　　)

③ 12の倍数 (　　　　)

④ 15の倍数 (　　　　)

2 次の数のうち，13の倍数はどれですか。全部求めましょう。

0, 13, 23, 36, 42, 52, 65, 76, 83, 91

(　　　　)

0は倍数に入れないよ。

3 (　　)の中の数の公倍数を，小さいほうから順に，3つ求めましょう。

① (3, 8) (　　　　)

② (4, 6) (　　　　)

③ (5, 7) (　　　　)

④ (7, 21) (　　　　)

⑤ (9, 12) (　　　　)

大きいほうの数の倍数の中から，小さいほうの数の倍数をみつけよう。

4 (　　)の中の数の公倍数を，小さいほうから順に，3つ求めましょう。

① (2, 3, 7) (　　　　)

② (6, 10, 15) (　　　　)

ポイント 3つの数の公倍数を求めるときも，3つの数に共通な倍数を考えます。

② 最小公倍数
基本のワーク

答え **7ページ**

☆ 4と10の最小公倍数を求めましょう。また，4と10の公倍数を，小さいほうから順に，3つ求めましょう。

とき方 公倍数のうちでいちばん小さい数を，□□□□□といいます。

まず4と10の公倍数を求めるのに，10の倍数を考えると，小さいほうから順に，
　10，20，30，40，50，60，…

このうち，いちばん小さい4の倍数は□だから，4と10の最小公倍数は，
□

また，4と10の公倍数は，小さいほうから順に，20，□，□，…

このように，公倍数は最小公倍数の倍数になっているので，4と10の公倍数は，

□×1=□，　□×2=□，

□×3=□，　…として求めることもできます。

答え 最小公倍数□　公倍数□

たいせつ
公倍数は最小公倍数の倍数になっています。

❶ （　　　）の中の数の最小公倍数を求めましょう。また，公倍数を，小さいほうから順に，3つ求めましょう。

❶ （2，7）

最小公倍数（　　　　）
公倍数（　　　　）

❷ （5，8）

最小公倍数（　　　　）
公倍数（　　　　）

❸ （6，9）

最小公倍数（　　　　）
公倍数（　　　　）

❹ （8，16）

最小公倍数（　　　　）
公倍数（　　　　）

❺ （9，15）

最小公倍数（　　　　）
公倍数（　　　　）

❻ （10，12）

最小公倍数（　　　　）
公倍数（　　　　）

❷ （　　　　）の中の数の最小公倍数を求めましょう。また，公倍数を，小さいほうから順に，3つ求めましょう。

❶ （6，12，18）

最小公倍数（　　　　）
公倍数（　　　　）

❷ （8，18，36）

最小公倍数（　　　　）
公倍数（　　　　）

ポイント　公倍数は，先に最小公倍数を求めれば，最小公倍数の倍数として求められます。
つまり，公倍数は，最小公倍数の1倍，2倍，3倍，…となっています。

③ 約数
基本のワーク

答え 7ページ

勉強した日　　月　　日

やってみよう

☆ 次の数の約数を全部求めましょう。
　① 8　　　　　　　　　　② 17

とき方　① 8 の約数は，8 をわり切ることのできる整数のことです。

　　8 の約数は，1，☐，4，☐

答え ☐

　② 17 の約数は，17 をわり切ることのできる整数のことです。

　　17 の約数は，1，☐

答え ☐

たいせつ

8 をわり切ることのできる整数を，8 の**約数**といいます。

---

1 次の数の約数を全部求めましょう。

① 14 （　　　　　　　　　）

(1, 2, △, ☐)
2×△＝14
1×☐＝14

② 16 （　　　　　　　　　）　　③ 18 （　　　　　　　　　）

④ 25 （　　　　　　　　　）　　⑤ 35 （　　　　　　　　　）

⑥ 29 （　　　　　　　　　）　　⑦ 71 （　　　　　　　　　）

⑧ 63 （　　　　　　　　　）　　⑨ 91 （　　　　　　　　　）

⑩ 50 （　　　　　　　　　）　　⑪ 81 （　　　　　　　　　）

ポイント　約数の意味をしっかり理解しましょう。
約数と倍数の関係を理解しましょう。3 は 15 の約数，15 は 3 の倍数です。

④ 公約数と最大公約数
基本のワーク

答え 7ページ

☆ 12と16の公約数を全部求めましょう。また，最大公約数を求めましょう。

とき方 12と16の公約数は，12の約数にも16の約数にもなっている数です。

最大公約数は，公約数のうち，いちばん大きい数です。

《1》 12と16の約数を○で囲みましょう。

12の約数 0 1 2 3 4 5 6 7 8 9 10 11 12

16の約数 0 1 2 3 4 5 6 7 8 9 10 11 12 13 14 15 16

《2》 12と16の公約数は，12より大きくならないから，小さいほうの数12の約数の中から，16の約数にもなっている数を求めます。

12の約数は，1，2，3，☐，☐，☐

この約数のうち，16の約数にもなっている数は，1，2，☐

この3つの数が公約数になります。

答え 公約数 ☐ 最大公約数 ☐

たいせつ

12の約数にも16の約数にもなっている数を，12と16の**公約数**といいます。
公約数のうち，いちばん大きい数を**最大公約数**といいます。

❶ （ ）の中の数の公約数を，全部求めましょう。また，最大公約数を求めましょう。

❶ （8，10）

② （9，21）

公約数（ ）
最大公約数（ ）

公約数（ ）
最大公約数（ ）

③ （12，25）

④ （14，42）

公約数（ ）
最大公約数（ ）

公約数（ ）
最大公約数（ ）

❷ （ ）の中の数の公約数を，全部求めましょう。また，最大公約数を求めましょう。

（18，45，81）

公約数（ ）
最大公約数（ ）

ポイント 公約数は，最大公約数の約数になっています。

まとめのテスト①

勉強した日 ▶ 　月　　日

時間 **20** 分

得点 ／100点

答え 8ページ

1 次の数の倍数を，小さいほうから順に，3つ求めましょう。 1つ4〔8点〕

① 7の倍数 　　　　　　　　② 17の倍数

（　　　　　　　）　　　　　　　（　　　　　　　）

2 （　　　）の中の数の公倍数を，小さいほうから順に，3つ求めましょう。 1つ4〔16点〕

① （7, 8） 　　　　　　　　② （8, 28）

（　　　　　　　）　　　　　　　（　　　　　　　）

③ （10, 35） 　　　　　　　④ （4, 9, 12）

（　　　　　　　）　　　　　　　（　　　　　　　）

3 よく出る （　　　）の中の数の最小公倍数を求めましょう。 1つ4〔16点〕

① （6, 14） 　　　　　　　　② （9, 24）

（　　　　　　　）　　　　　　　（　　　　　　　）

③ （12, 15） 　　　　　　　④ （6, 9, 15）

（　　　　　　　）　　　　　　　（　　　　　　　）

4 次の数の約数を，小さいほうから順に，全部求めましょう。 1つ4〔24点〕

① 6の約数 　　　　　　　　② 9の約数

（　　　　　　　）　　　　　　　（　　　　　　　）

③ 13の約数 　　　　　　　④ 27の約数

（　　　　　　　）　　　　　　　（　　　　　　　）

⑤ 20の約数 　　　　　　　⑥ 24の約数

（　　　　　　　）　　　　　　　（　　　　　　　）

5 （　　　）の中の数の公約数を，小さいほうから順に，全部求めましょう。 1つ4〔16点〕

① （8, 14） 　　　　　　　　② （10, 15）

（　　　　　　　）　　　　　　　（　　　　　　　）

③ （9, 45） 　　　　　　　④ （16, 24, 40）

（　　　　　　　）　　　　　　　（　　　　　　　）

6 よく出る （　　　）の中の数の最大公約数を求めましょう。 1つ5〔20点〕

① （9, 15） 　　　　　　　　② （12, 28）

（　　　　　　　）　　　　　　　（　　　　　　　）

③ （14, 70） 　　　　　　　④ （12, 18, 30）

（　　　　　　　）　　　　　　　（　　　　　　　）

チェック ✓ □ 倍数，公倍数，最小公倍数が求められたかな？
□ 公倍数と最小公倍数の関係がわかったかな？

まとめのテスト ❷

時間 **20** 分

答え 8ページ

得点 /100点

1 次の数の倍数を，小さいほうから順に，3つ求めましょう。 　1つ4〔8点〕

① 5 の倍数　　　　　　　　　　　　　② 19 の倍数

（　　　　　　　　　）　　　　　　　（　　　　　　　　　）

2 （　　　　　）の中の数の公倍数を，小さいほうから順に，3つ求めましょう。 　1つ4〔16点〕

① （5，9）　　　　　　　　　　　　　② （8，20）

（　　　　　　　　　）　　　　　　　（　　　　　　　　　）

③ （12，18）　　　　　　　　　　　　④ （6，15，18）

（　　　　　　　　　）　　　　　　　（　　　　　　　　　）

3 よく出る（　　　　　）の中の数の最小公倍数を求めましょう。 　1つ5〔20点〕

① （7，12）　　　　　　　　　　　　　② （10，14）

（　　　　　　　　　）　　　　　　　（　　　　　　　　　）

③ （12，16）　　　　　　　　　　　　④ （9，24，36）

（　　　　　　　　　）　　　　　　　（　　　　　　　　　）

4 次の数の約数を，小さいほうから順に，全部求めましょう。 　1つ4〔16点〕

① 10 の約数　　　　　　　　　　　　② 15 の約数

（　　　　　　　　　）　　　　　　　（　　　　　　　　　）

③ 28 の約数　　　　　　　　　　　　④ 36 の約数

（　　　　　　　　　）　　　　　　　（　　　　　　　　　）

5 （　　　　　）の中の数の公約数を，小さいほうから順に，全部求めましょう。 　1つ5〔20点〕

① （9，12）　　　　　　　　　　　　　② （11，21）

（　　　　　　　　　）　　　　　　　（　　　　　　　　　）

③ （12，30）　　　　　　　　　　　　④ （27，45，54）

（　　　　　　　　　）　　　　　　　（　　　　　　　　　）

6 よく出る（　　　　　）の中の数の最大公約数を求めましょう。 　1つ5〔20点〕

① （10，25）　　　　　　　　　　　　② （13，52）

（　　　　　　　　　）　　　　　　　（　　　　　　　　　）

③ （42，72）　　　　　　　　　　　　④ （51，68，85）

（　　　　　　　　　）　　　　　　　（　　　　　　　　　）

チェック✔　□ 約数，公約数，最大公約数が求められたかな？
　　　　　　　□ 公約数と最大公約数の関係がわかったかな？

① 三角形の角
基本のワーク

答え 8ページ

☆ あ, ⓘの角度は何度ですか。計算で求めましょう。

❶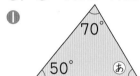

❷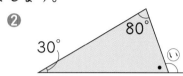

とき方 三角形の3つの角の大きさの和は, 180°になります。

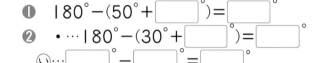

❶ 180°−(50°+ ☐°)= ☐°　　答え ☐°

❷ ・・・180°−(30°+ ☐°)= ☐°

ⓘ・・・ ☐° − ☐° = ☐°　　答え ☐°

たいせつ
どんな三角形でも,
3つの角の大きさの
和は180°です。

---

1 あ〜ⓚの角度は何度ですか。計算で求めましょう。

❶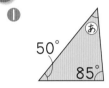
50°　あ　85°

（　　　　　）

❷
25°　ⓘ

（　　　　　）

❸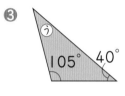
う　105°　40°

（　　　　　）

❹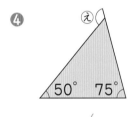
え　50°　75°

（　　　　　）

❺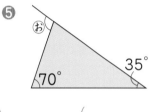
お　70°　35°

（　　　　　）

❻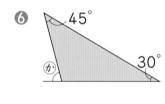
45°　ⓚ　30°

（　　　　　）

---

2 あ〜うの角度は何度ですか。計算で求めましょう。

❶ 二等辺三角形

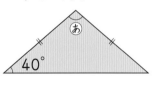
あ　40°

（　　　　　）

❷ 正三角形

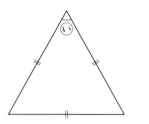
ⓘ

（　　　　　）

❸ 二等辺三角形

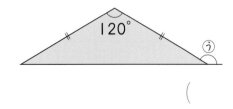
120°　う

（　　　　　）

二等辺三角形では2つの角,
正三角形では3つの角の
大きさが等しいよ。

ポイント 三角形の1つの角の大きさは, 3つの角の大きさの和180°から, 2つの角の大きさの和
をひけば求められます。

② 四角形の角
基本のワーク

答え 8ページ

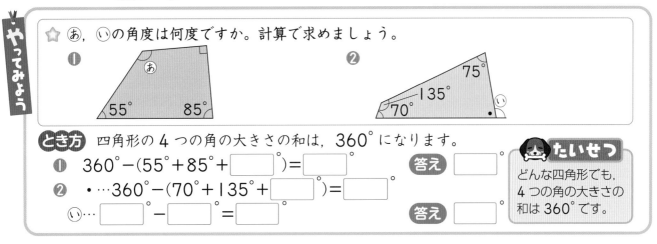

☆ ㋐，㋑の角度は何度ですか。計算で求めましょう。

❶ ㋐ 55° 85°

❷ 75° 135° 70° ㋑ •

とき方 四角形の4つの角の大きさの和は，360°になります。

❶ 360°−(55°+85°+ ___ °)= ___ °   答え ___ °

❷ • … 360°−(70°+135°+ ___ °)= ___ °   答え ___ °

㋑ … ___ °− ___ °= ___ °

たいせつ
どんな四角形でも，4つの角の大きさの和は360°です。

❶ ㋐〜㋔の角度は何度ですか。計算で求めましょう。

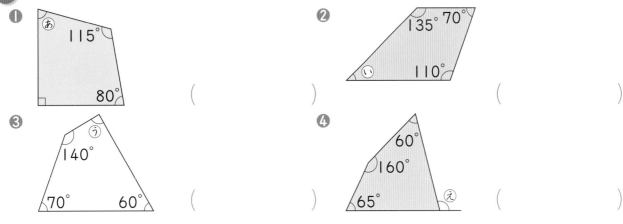

❶ ㋐ 115° 80° ( )

❷ 135° 70° ㋑ 110° ( )

❸ ㋒ 140° 70° 60° ( )

❹ 60° 160° 65° ㋔ ( )

❷ ㋐〜㋖の角度は何度ですか。計算で求めましょう。

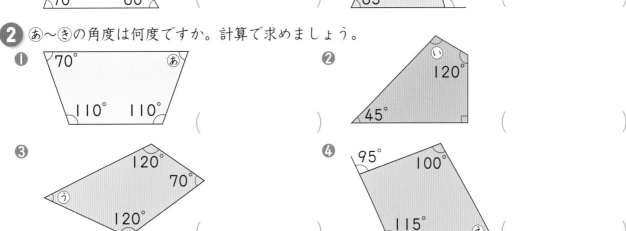

❶ 70° ㋐ 110° 110° ( )

❷ ㋑ 120° 45° ( )

❸ 120° 70° ㋒ 120° ( )

❹ 95° 100° 115° ㋔ ( )

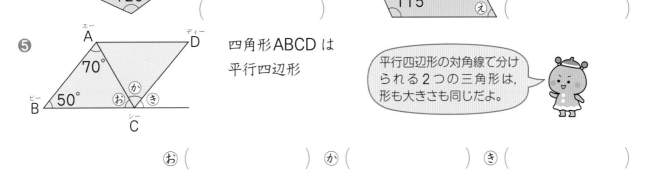

❺ A 70° B 50° ㋕ ㋖ ㋔ C D

四角形ABCD は
平行四辺形

平行四辺形の対角線で分けられる2つの三角形は，形も大きさも同じだよ。

㋔ ( )   ㋕ ( )   ㋖ ( )

ポイント 四角形は，対角線で2つの三角形に分けられるので，4つの角の大きさの和は，180°×2＝360°となります。

41

③ 多角形の角
基本のワーク

答え 8ページ

☆ 下のような図形について，角の大きさの和を求めましょう。

❶　❷

とき方 1つの頂点から対角線をかき，三角形に分けて求めます。

❶　対角線で □ つの三角形に分けられるから，

$180° × □ = □ °$　答え □ °

❷　対角線で □ つの三角形に分けられるから，

$180° × □ = □ °$　答え □ °

たいせつ

5つの直線で
囲まれた図形を
五角形といいます。

6つの直線で
囲まれた図形を
六角形といいます。

三角形，四角形，五角形，六角形などのように，直線で囲まれた図形を**多角形**といいます。

① 七角形の7つの角の大きさの和を求めましょう。

（　　　　　）

② 八角形の8つの角の大きさの和を求めましょう。

（　　　　　）

③ 多角形の角の大きさの和について，下の表にまとめましょう。

	三角形	四角形	五角形	六角形	七角形	八角形
三角形の数	1	2				
角の大きさの和	180°	360°				

ポイント　多角形の角の大きさの和は，対角線でいくつかの三角形に分けて，求めることができます。

 まとめのテスト

 時間 **20**分

答え **8ページ**

得点 /100点

1 よく出る　あ～おの角度は何度ですか。計算で求めましょう。　1つ8〔40点〕

①

②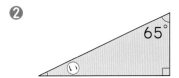

③
二等辺三角形

（　　　　　　）　　（　　　　　　）　　（　　　　　　）

④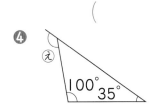

⑤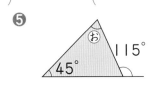

（　　　　　　）　　（　　　　　　）

2 よく出る　あ～おの角度は何度ですか。計算で求めましょう。　1つ8〔40点〕

①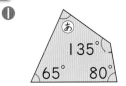

②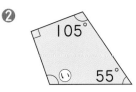

③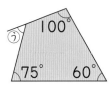

（　　　　　　）　　（　　　　　　）　　（　　　　　　）

④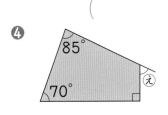

⑤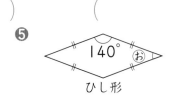
ひし形

（　　　　　　）　　（　　　　　　）

3 右のように，1組の三角定規を重ねるとき，できるあ，いの角度は何度ですか。計算で求めましょう。　1つ10〔20点〕

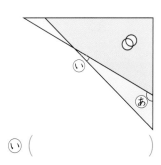

あ（　　　　　　）　い（　　　　　　）

 チェック ✔ □三角形の角の大きさが求められたかな？
□四角形の角の大きさが求められたかな？

43

8 分数のたし算とひき算

① 等しい分数
基本のワーク

答え 8ページ

☆ 次の問題に答えましょう。

① $\frac{2}{3}$ と等しい分数 $\frac{4}{6}$, $\frac{6}{9}$ のつくり方を答えましょう。

② $\frac{6}{9}$ や $\frac{4}{6}$ を $\frac{2}{3}$ になおす方法を答えましょう。

とき方

① $\frac{2}{3} = \frac{4}{6} = \frac{6}{9}$

あてはまるほうに○をつけましょう。

答え $\frac{2}{3}$ の分母と分子に $\left(\begin{array}{c}\text{同じ数}\\\hline\text{ちがう数}\end{array}\right)$ をかける。

② $\frac{6}{9} = \frac{4}{6} = \frac{2}{3}$

あてはまるほうに○をつけましょう。

答え $\frac{6}{9}$ や $\frac{4}{6}$ の分母と分子を $\left(\begin{array}{c}\text{同じ数}\\\hline\text{ちがう数}\end{array}\right)$ でわる。

たいせつ

分母と分子に同じ数をかけても，分母と分子を同じ数でわっても，分数の大きさは変わりません。

$$\frac{●}{■} = \frac{●×▲}{■×▲} \qquad \frac{●}{■} = \frac{●÷▲}{■÷▲}$$

1 □にあてはまる数を書きましょう。

① $\frac{1}{3} = \frac{2}{\square} = \frac{3}{\square}$

② $\frac{6}{5} = \frac{\square}{10} = \frac{\square}{15}$

③ $\frac{2}{5} = \frac{4}{\square} = \frac{\square}{20}$

④ $\frac{21}{24} = \frac{7}{\square}$

⑤ $\frac{20}{36} = \frac{\square}{9}$

⑥ $\frac{12}{16} = \frac{\square}{8} = \frac{\square}{4}$

2 次の分数と大きさの等しい分数を 3 つ書きましょう。

① $\frac{3}{8}$

( )

② $\frac{5}{4}$

( )

③ $\frac{6}{15}$

( )

④ $\frac{4}{20}$

( )

ポイント 等しい分数をつくるには，分母と分子に同じ数をかけます。
分母と分子を同じ数でわります。

② 約分
基本のワーク

答え 9ページ

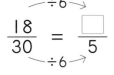 $\dfrac{18}{30}$ に等しく，分母がいちばん小さい整数となる分数を答えましょう。

とき方

《1》 分母と分子を公約数の 2 でわってから公約数の 3 でわります。

$$\dfrac{18}{30} = \dfrac{\square}{15} = \dfrac{\square}{5} \quad \Rightarrow \quad \dfrac{\overset{3}{\cancel{\overset{9}{\cancel{18}}}}}{\underset{5}{\cancel{\underset{15}{\cancel{30}}}}} = \dfrac{3}{5}$$

$\div 2 \quad \div 3$（上）
$\div 2 \quad \div 3$（下）

 最大公約数でわったほうがかん単だね。

《2》 分母と分子を最大公約数の 6 でわります。

$$\dfrac{18}{30} = \dfrac{\square}{5} \quad \Rightarrow \quad \dfrac{\overset{3}{\cancel{18}}}{\underset{5}{\cancel{30}}} = \dfrac{3}{5}$$

$\div 6$（上）
$\div 6$（下）

答え

たいせつ

分母と分子を，それらの公約数でわって，分母の小さい分数にすることを，約分するといいます。
約分するときは，ふつう分母をできるだけ小さい整数にします。

1 次の分数を約分しましょう。

① $\dfrac{\square}{\cancel{3}} = \dfrac{\square}{9}$ の形で $\dfrac{3}{9}=\dfrac{\square}{\square}$

② $\dfrac{\overset{\square}{\cancel{12}}}{8} = \square$

③ $2\dfrac{\overset{\square}{\cancel{12}}}{\underset{\square}{\cancel{16}}} = \square$

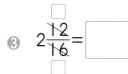

帯分数では，分数の部分だけ約分するよ。

2 次の分数を約分しましょう。

① $\dfrac{4}{8}$

② $\dfrac{9}{6}$

③ $\dfrac{12}{18}$

(　　　　) (　　　　) (　　　　)

④ $\dfrac{32}{24}$

⑤ $\dfrac{28}{42}$

⑥ $\dfrac{36}{54}$

(　　　　) (　　　　) (　　　　)

⑦ $1\dfrac{8}{10}$

⑧ $2\dfrac{21}{35}$

⑨ $3\dfrac{40}{48}$

(　　　　) (　　　　) (　　　　)

ポイント 帯分数の約分は，整数の部分はそのままで，分数の部分だけ約分します。

③ 通分
基本のワーク

☆ $\dfrac{4}{5}$ と $\dfrac{5}{6}$ では，どちらが大きいでしょうか。

とき方 大きさの等しい分数をそれぞれつくり，分母が同じ分数をみつけて比べます。

$$\frac{4}{5}=\frac{8}{10}=\frac{12}{15}=\frac{\boxed{}}{20}=\frac{\boxed{}}{25}=\boxed{\frac{\boxed{}}{30}}=\frac{28}{35}\cdots$$

$$\frac{5}{6}=\frac{10}{12}=\frac{15}{18}=\frac{\boxed{}}{24}=\boxed{\frac{\boxed{}}{30}}=\frac{\boxed{}}{36}\cdots$$

分母が同じ 30 の
ところをみれば，
比べられるね！

たいせつ

いくつかの分母のちがう分数を，それぞれの大きさを変えないで，
共通な分母の分数になおすことを，**通分**するといいます。
通分するときは，ふつう分母の最小公倍数を共通な分母にします。

答え 大きいほうの分数は $\boxed{}$

❶ $\left(\dfrac{3}{4},\ \dfrac{5}{6}\right)$ を通分しましょう。

4 と 6 の最小公倍数を求めて通分します。

大きいほうの 6 の倍数は，

　6，12，$\boxed{}$，$\boxed{}$，……

これらのうち，4 と 6 の最小公倍数は，4 でわり切れるいちばん小さい数だから，$\boxed{}$

$$\frac{3}{4}=\frac{\boxed{}}{12} \qquad\qquad \frac{5}{6}=\frac{\boxed{}}{12}$$

（×3，×□）

答え（　　　，　　　）

❷ （　）の中の分数を通分して大きさを比べ，不等号を使って表しましょう。

① $\left(\dfrac{3}{4},\ \dfrac{5}{7}\right)$

（　　，　　） $\dfrac{3}{4}\ \square\ \dfrac{5}{7}$

② $\left(\dfrac{3}{4},\ \dfrac{4}{5}\right)$

（　　，　　） $\dfrac{3}{4}\ \square\ \dfrac{4}{5}$

③ $\left(\dfrac{9}{14},\ \dfrac{10}{21}\right)$

（　　，　　） $\dfrac{9}{14}\ \square\ \dfrac{10}{21}$

④ $\left(2\dfrac{3}{5},\ 2\dfrac{4}{9}\right)$

（　　，　　） $2\dfrac{3}{5}\ \square\ 2\dfrac{4}{9}$

チャレンジ！ ⑤ $\left(\dfrac{1}{3},\ \dfrac{3}{4},\ \dfrac{5}{6}\right)$

（　　，　　，　　） $\dfrac{1}{3}\ \square\ \dfrac{3}{4}\ \square\ \dfrac{5}{6}$

ポイント 分母がちがう分数の大きさは，それぞれの分数を通分して，分母を同じにしてから，比べます。

④ 分母がちがう分数のたし算(1)
基本のワーク

答え 9ページ

やってみよう

☆ 計算をしましょう。

① $\dfrac{2}{3}+\dfrac{3}{4}$　　　　② $\dfrac{1}{6}+\dfrac{5}{8}$

とき方 2つの分数を通分して同じ分母の分数になおしてから，分子だけたします。

① 分母の 3 と 4 の最小公倍数は □ だから，分母が □ の分数になおして，

$\dfrac{2}{3}+\dfrac{3}{4}=\dfrac{□}{}+\dfrac{□}{}=\dfrac{□}{}$　　答え □

② 分母の 6 と 8 の最小公倍数は □ だから，分母が □ の

分数になおして，$\dfrac{1}{6}+\dfrac{5}{8}=\dfrac{□}{}+\dfrac{□}{}=\dfrac{□}{}$　答え □

たいせつ
通分して同じ分母の分数になおしてから計算します。

1 計算をしましょう。

① $\dfrac{1}{5}+\dfrac{2}{3}=\dfrac{□}{15}+\dfrac{□}{}=\dfrac{□}{}$　　　② $\dfrac{3}{4}+\dfrac{1}{2}=\dfrac{3}{4}+\dfrac{□}{}=\dfrac{□}{}$

2 計算をしましょう。

① $\dfrac{1}{2}+\dfrac{1}{5}$　　　　② $\dfrac{5}{6}+\dfrac{1}{4}$

③ $\dfrac{5}{4}+\dfrac{7}{8}$　　　　④ $\dfrac{2}{9}+\dfrac{7}{6}$

⑤ $\dfrac{8}{7}+\dfrac{15}{14}$　　　　⑥ $\dfrac{3}{8}+\dfrac{5}{12}$

⑦ $\dfrac{3}{10}+\dfrac{4}{25}$　　　　⑧ $\dfrac{9}{16}+\dfrac{11}{24}$

ポイント 分母がちがう分数のたし算では，まず通分してから，分子だけたします。

47

⑤ 分母がちがう分数のたし算 (2)
基本のワーク

答え 9ページ

☆ $\dfrac{2}{9}+\dfrac{5}{18}$ の計算をしましょう。

とき方 分数のたし算で答えが約分できるときは，必ず約分します。

分母の 9 と 18 の最小公倍数は □ だから，分母が □ の分数になおして，

$$\dfrac{2}{9}+\dfrac{5}{18}=\dfrac{□}{□}+\dfrac{□}{□}=\dfrac{\square}{\square}=□$$

答え □

ちゅうい
最後に答えが約分できるかどうかを調べます。

1 計算をしましょう。

① $\dfrac{1}{2}+\dfrac{7}{10}=\dfrac{□}{□}+\dfrac{7}{10}=\dfrac{\square}{\square}=□$

② $\dfrac{5}{14}+\dfrac{1}{6}=\dfrac{□}{42}+\dfrac{□}{□}=\dfrac{\square}{\square}=□$

2 計算をしましょう。

① $\dfrac{1}{3}+\dfrac{1}{6}$

② $\dfrac{5}{6}+\dfrac{3}{10}$

③ $\dfrac{6}{5}+\dfrac{2}{15}$

④ $\dfrac{8}{15}+\dfrac{1}{6}$

⑤ $\dfrac{7}{12}+\dfrac{4}{15}$

⑥ $\dfrac{1}{2}+\dfrac{1}{4}+\dfrac{1}{12}$

⑦ $\dfrac{1}{6}+\dfrac{3}{2}+\dfrac{2}{9}$

約分をするのをわすれないようにしよう。

ポイント 通分してからたし算をし，最後に答えが約分できるときは，必ず約分しましょう。
分数が 3 つあるときも，「通分」→「たし算」→「答えの約分」の順に計算します。

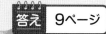

⑥ 分母がちがう分数のひき算(1)
基本のワーク

答え 9ページ

☆ 計算をしましょう。

① $\dfrac{3}{4} - \dfrac{1}{5}$　　② $\dfrac{5}{6} - \dfrac{3}{8}$

とき方 2つの分数を通分して同じ分母の分数になおしてから，分子だけひきます。

① 分母の4と5の最小公倍数は □ だから，分母が □ の

分数になおして，$\dfrac{3}{4} - \dfrac{1}{5} = \boxed{} - \boxed{} = \boxed{}$　答え $\boxed{}$

② 分母の6と8の最小公倍数は □ だから，分母が □ の

分数になおして，$\dfrac{5}{6} - \dfrac{3}{8} = \boxed{} - \boxed{} = \boxed{}$　答え $\boxed{}$

たいせつ
通分して同じ分母の分数になおしてから計算します。

1 計算をしましょう。

① $\dfrac{2}{3} - \dfrac{4}{7} = \dfrac{\boxed{}}{21} - \boxed{} = \boxed{}$　　② $\dfrac{7}{8} - \dfrac{1}{2} = \dfrac{7}{8} - \boxed{} = \boxed{}$

2 計算をしましょう。

① $\dfrac{2}{3} - \dfrac{3}{5}$　　② $\dfrac{5}{6} - \dfrac{1}{4}$

③ $\dfrac{4}{3} - \dfrac{7}{9}$　　④ $\dfrac{3}{8} - \dfrac{1}{6}$

⑤ $\dfrac{15}{14} - \dfrac{5}{8}$　　⑥ $\dfrac{17}{10} - \dfrac{5}{12}$

⑦ $\dfrac{19}{24} - \dfrac{9}{16}$　　⑧ $\dfrac{8}{15} - \dfrac{6}{25}$

ポイント 分母がちがう分数のひき算では，まず通分してから，分子だけひきます。

⑦ 分母がちがう分数のひき算 (2)
基本のワーク

答え 9ページ

やってみよう

☆ $\dfrac{5}{6} - \dfrac{8}{15}$ の計算をしましょう。

とき方 分数のひき算で答えが約分できるときは，必ず約分します。

分母の 6 と 15 の最小公倍数は ☐ だから，分母が ☐ の分数になおして，

$$\dfrac{5}{6} - \dfrac{8}{15} = \dfrac{\boxed{}}{\boxed{}} - \dfrac{\boxed{}}{\boxed{}} = \dfrac{\boxed{\diagup}}{\boxed{\diagup}} = \boxed{}$$

答え ☐

ちゅうい
最後に答えが約分できるかどうかを調べます。

1 計算をしましょう。

① $\dfrac{1}{2} - \dfrac{3}{10} = \dfrac{\boxed{}}{\boxed{}} - \dfrac{3}{10} = \dfrac{\boxed{\diagup}}{\boxed{\diagup}} = \boxed{}$

② $\dfrac{11}{6} - \dfrac{4}{21} = \dfrac{\boxed{}}{42} - \dfrac{\boxed{}}{\boxed{}} = \dfrac{\boxed{\diagup}}{\boxed{\diagup}} = \boxed{}$

2 計算をしましょう。

① $\dfrac{1}{3} - \dfrac{1}{12}$

② $\dfrac{9}{10} - \dfrac{5}{6}$

③ $\dfrac{7}{6} - \dfrac{3}{14}$

④ $\dfrac{13}{10} - \dfrac{2}{15}$

⑤ $\dfrac{13}{12} - \dfrac{4}{21}$

⑥ $\dfrac{3}{4} - \dfrac{1}{8} + \dfrac{5}{24}$

⑦ $\dfrac{4}{3} - \dfrac{1}{6} - \dfrac{5}{12}$

約分をするのを
わすれないように
しよう。

ポイント 通分してからひき算をし，最後に答えが約分できるときは，必ず約分しましょう。
分数が 3 つあるときも，通分→たし算やひき算→答えの約分の順に計算します。

まとめのテスト

時間 20分

答え 9ページ

得点

/100点

1 □にあてはまる数を書きましょう。　　　　　　　　　　　　　　　1つ8〔16点〕

① $\dfrac{3}{4} = \dfrac{9}{\square} = \dfrac{12}{\square}$

② $\dfrac{5}{\square} = \dfrac{10}{12} = \dfrac{\square}{18}$

2 次の分数を約分しましょう。　　　　　　　　　　　　　　　　　　1つ4〔16点〕

① $\dfrac{6}{8}$

② $\dfrac{8}{12}$

③ $\dfrac{20}{15}$

④ $1\dfrac{9}{54}$

（　　　　） （　　　　） （　　　　） （　　　　）

3 （　　）の中の分数を通分しましょう。　　　　　　　　　　　　　1つ4〔12点〕

① $\left(\dfrac{1}{5}, \dfrac{2}{3} \right)$

② $\left(\dfrac{3}{4}, \dfrac{5}{8} \right)$

③ $\left(1\dfrac{7}{10}, 1\dfrac{5}{12} \right)$

（　　，　　） （　　，　　） （　　，　　）

4 よく出る 計算をしましょう。　　　　　　　　　　　　　　　　　1つ4〔24点〕

① $\dfrac{1}{7} + \dfrac{3}{4}$

② $\dfrac{5}{6} + \dfrac{9}{8}$

③ $\dfrac{2}{9} + \dfrac{7}{18}$

④ $\dfrac{1}{6} + \dfrac{3}{10}$

⑤ $\dfrac{11}{8} + \dfrac{7}{24}$

⑥ $\dfrac{5}{12} + \dfrac{8}{15}$

5 よく出る 計算をしましょう。　　　　　　　　　　　　　　　　　1つ4〔24点〕

① $\dfrac{3}{8} - \dfrac{1}{3}$

② $\dfrac{7}{5} - \dfrac{7}{10}$

③ $\dfrac{5}{6} - \dfrac{4}{9}$

④ $\dfrac{3}{2} - \dfrac{5}{14}$

⑤ $\dfrac{7}{6} - \dfrac{4}{15}$

⑥ $\dfrac{9}{10} - \dfrac{11}{18}$

6 計算をしましょう。　　　　　　　　　　　　　　　　　　　　　1つ4〔8点〕

① $\dfrac{3}{5} + \dfrac{1}{10} + \dfrac{1}{15}$

② $\dfrac{2}{7} + \dfrac{4}{3} - \dfrac{10}{21}$

チェック ✔　□ 分母のちがう分数のたし算ができたかな？
　　　　　　　□ 分母のちがう分数のひき算ができたかな？

① 分母がちがう帯分数のたし算(1)
基本のワーク

答え 10ページ

やってみよう

☆ $2\frac{1}{3}+1\frac{1}{6}$ の計算をしましょう。

とき方 《1》 帯分数のたし算では，通分してから，整数の部分どうしと真分数の部分どうしをそれぞれたします。

整数の部分

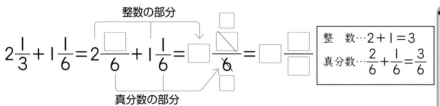

$2\frac{1}{3}+1\frac{1}{6}=2\frac{\square}{6}+1\frac{1}{6}=\square\frac{\square}{6}=\square\frac{\square}{\square}$

真分数の部分

整数…2+1=3
真分数… $\frac{2}{6}+\frac{1}{6}=\frac{3}{6}$

ちゅうい

帯分数を仮分数になおしてからたし算するとき，問題によっては分子が大きくなって，計算ミスをしやすくなるので，注意しましょう。

《2》 帯分数を仮分数になおしてから，たし算することもできます。

仮分数になおす。

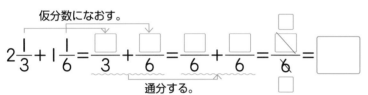

$2\frac{1}{3}+1\frac{1}{6}=\frac{\square}{3}+\frac{\square}{6}=\frac{\square}{6}+\frac{\square}{6}=\frac{\square}{6}=\square\frac{\square}{\square}$

通分する。

答え ☐

---

❶ $\frac{3}{4}+1\frac{1}{6}$ の計算をしましょう。

① $\frac{3}{4}+1\frac{1}{6}=\frac{\square}{12}+1\frac{\square}{12}=\square\frac{\square}{\square}$

② $\frac{3}{4}+1\frac{1}{6}=\frac{3}{4}+\frac{\square}{6}=\frac{\square}{12}+\frac{\square}{12}=\square$

❷ 計算をしましょう。

① $1\frac{1}{2}+\frac{1}{3}$

② $\frac{1}{6}+2\frac{2}{5}$

③ $1\frac{2}{3}+2\frac{2}{9}$

④ $3\frac{5}{12}+2\frac{3}{8}$

❸ 計算をしましょう。

① $3\frac{1}{6}+\frac{1}{12}$

② $\frac{7}{18}+2\frac{4}{9}$

③ $4\frac{5}{6}+2\frac{1}{10}$

④ $1\frac{9}{20}+3\frac{2}{15}$

ポイント 帯分数のたし算では，{ 整数どうしと真分数どうしをたす / 帯分数を仮分数になおしてたす } の2通りの方法があります。

② 分母がちがう帯分数のたし算 (2)
基本のワーク

答え 10ページ

☆ $2\frac{3}{5} + 3\frac{9}{10}$ の計算をしましょう。

とき方 《1》 帯分数のたし算で，通分してから，真分数の部分どうしの和が仮分数になるときは，整数の部分に 1 くり上げて，答えを 整数＋真分数 の形にします。

整数の部分

$2\frac{3}{5} + 3\frac{9}{10} = 2\frac{\square}{10} + 3\frac{9}{10} = 5\frac{\square\square}{10} = 5 + \square\frac{\square}{\square} = \square\frac{\square}{\square}$

真分数の部分

《2》 帯分数を仮分数になおしてから，たし算することもできます。

仮分数になおす。

$2\frac{3}{5} + 3\frac{9}{10} = \frac{\square}{5} + \frac{\square}{10} = \frac{\square}{10} + \frac{\square}{10} = \frac{\square\square}{10} = \square$

通分する。

答え $\square$

---

❶ $\frac{5}{6} + 2\frac{3}{8}$ の計算をしましょう。

① $\frac{5}{6} + 2\frac{3}{8} = \frac{\square}{24} + 2\frac{\square}{24} = 2\frac{\square}{\square}$

$= 2 + \square\frac{\square}{\square} = \square\frac{\square}{\square}$

② $\frac{5}{6} + 2\frac{3}{8} = \frac{5}{6} + \frac{\square}{8} = \frac{\square}{24} + \frac{\square}{24}$

$= \square$

❷ 計算をしましょう。

① $1\frac{3}{4} + \frac{1}{2}$

② $\frac{2}{5} + 2\frac{5}{7}$

③ $3\frac{5}{6} + 2\frac{4}{9}$

④ $1\frac{7}{10} + 2\frac{8}{15}$

❸ 計算をしましょう。

① $1\frac{3}{4} + \frac{11}{12}$

② $\frac{1}{2} + 2\frac{17}{18}$

③ $1\frac{7}{12} + 3\frac{9}{20}$

《1》も《2》も答えは同じだから，計算しやすいほうでやってみよう。

ポイント 帯分数のたし算で，真分数どうしの和が仮分数になるときは，整数の部分にくり上げます。

③ 分母がちがう帯分数のひき算(1)

基本のワーク

答え 10ページ

やってみよう

☆ $2\dfrac{3}{5} - 1\dfrac{1}{10}$ の計算をしましょう。

とき方 《1》 帯分数のひき算では,通分してから,整数の部分どうしと真分数の部分どうしをそれぞれひきます。

整数の部分
真分数の部分

$$2\dfrac{3}{5} - 1\dfrac{1}{10} = 2\dfrac{\square}{10} - 1\dfrac{1}{10} = \square\dfrac{\square}{10} = \square\dfrac{\square}{\square}$$

整 数…2-1=1

真分数…$\dfrac{6}{10} - \dfrac{1}{10} = \dfrac{5}{10}$

《2》 帯分数を仮分数になおしてから,ひき算することもできます。

仮分数になおす。

$$2\dfrac{3}{5} - 1\dfrac{1}{10} = \dfrac{\square}{5} - \dfrac{\square}{10} = \dfrac{\square}{10} - \dfrac{\square}{10} = \dfrac{\square}{10} = \square$$

通分する。

ちゅうい

帯分数を仮分数になおしてからひき算するとき,問題によっては分子が大きくなって,計算ミスをしやすくなるので,注意しましょう。

答え □

---

1 $1\dfrac{5}{6} - \dfrac{7}{9}$ の計算をしましょう。

❶ $1\dfrac{5}{6} - \dfrac{7}{9} = 1\dfrac{\square}{18} - \dfrac{\square}{18} = \square\dfrac{\square}{\square}$

❷ $1\dfrac{5}{6} - \dfrac{7}{9} = \dfrac{\square}{6} - \dfrac{7}{9} = \dfrac{\square}{18} - \dfrac{\square}{18} = \square$

2 計算をしましょう。

❶ $1\dfrac{2}{3} - \dfrac{1}{2}$

❷ $2\dfrac{3}{4} - \dfrac{4}{9}$

❸ $3\dfrac{5}{6} - 1\dfrac{7}{24}$

❹ $4\dfrac{3}{4} - 2\dfrac{3}{10}$

3 計算をしましょう。

❶ $3\dfrac{9}{14} - \dfrac{1}{2}$

❷ $2\dfrac{4}{7} - 2\dfrac{5}{21}$

❸ $3\dfrac{5}{6} - 2\dfrac{7}{22}$

❹ $3\dfrac{17}{30} - 1\dfrac{5}{12}$

ポイント 帯分数のひき算でも,{整数どうしと真分数どうしをひく / 帯分数を仮分数になおしてからひく}の2通りの方法があります。

④ 分母がちがう帯分数のひき算 (2)
基本のワーク

答え 10ページ

やってみよう

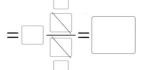

☆ $3\frac{3}{14} - 1\frac{5}{7}$ の計算をしましょう。

とき方 《1》 帯分数のひき算で，通分してから，真分数の部分どうしがひき算できないときは，ひかれる数の整数の部分から1くり下げます。

$$3\frac{3}{14} - 1\frac{5}{7} = 3\frac{3}{14} - 1\frac{\square}{14} \quad \leftarrow \frac{3}{14} - \frac{\square}{14} \text{のひき算ができない。}$$

$$= 2\frac{\square}{14} - 1\frac{\square}{14} \quad \leftarrow \text{整数の部分3から1くり下げる。}$$

$$= \square\frac{\square}{\square} = \square$$

たいせつ
ひかれる数の整数の部分を1へらして，分数の部分に1加えます。

$$3\frac{3}{14} = 2 + 1\frac{3}{14}$$
$$= 2 + \frac{17}{14} = 2\frac{17}{14}$$

《2》 帯分数を仮分数になおしてから，ひき算することもできます。

仮分数になおす。
$$3\frac{3}{14} - 1\frac{5}{7} = \frac{\square}{14} - \frac{\square}{7} = \frac{\square}{14} - \frac{\square}{14} = \frac{\square}{14} = \square$$
通分する。

答え $\square$

❶ $2\frac{1}{12} - \frac{7}{24}$ の計算をしましょう。

① $2\frac{1}{12} - \frac{7}{24} = 2\frac{\square}{24} - \frac{\square}{24}$
$= 1\frac{\square}{24} - \frac{\square}{24} = \square$

② $2\frac{1}{12} - \frac{7}{24} = \frac{\square}{12} - \frac{7}{24} = \frac{\square}{24} - \frac{\square}{24}$
$= \square$

❷ 計算をしましょう。

① $3\frac{1}{12} - \frac{1}{9}$

② $2\frac{4}{15} - \frac{7}{10}$

③ $4\frac{1}{5} - 2\frac{6}{25}$

④ $3\frac{1}{6} - 2\frac{7}{20}$

❸ 計算をしましょう。

① $2\frac{1}{6} - \frac{9}{14}$

② $3\frac{5}{24} - \frac{7}{8}$

③ $3\frac{5}{12} - 1\frac{11}{20}$

整数の部分を1くり下げて，ひき算ができるようにするんだね。

ポイント 帯分数のひき算で，真分数の部分どうしがひき算できないときは，ひかれる数の整数の部分から1くり下げます。

⑤ 分母がちがう帯分数のたし算とひき算

基本のワーク

答え 10ページ

☆ $2\frac{1}{3} + \frac{7}{10} - 1\frac{5}{6}$ の計算をしましょう。

とき方 《1》 分母が3と6と10の最小公倍数 □ の分数に一度に通分して,

$$2\frac{1}{3} + \frac{7}{10} - 1\frac{5}{6} = 2\frac{\square}{30} + \frac{\square}{30} - 1\frac{\square}{30} = 1\frac{\square}{30} = \square$$

たいせつ

3つの分母の最小公倍数で通分すると, 一度に計算することができます。

《2》 帯分数を仮分数になおしてから, 計算することもできます。

$$2\frac{1}{3} + \frac{7}{10} - 1\frac{5}{6} = \frac{\square}{3} + \frac{7}{10} - \frac{\square}{6} = \frac{\square}{30} + \frac{\square}{30} - \frac{\square}{30} = \frac{\square}{30}$$

$$= \square$$

答え □

❶ $3\frac{1}{4} - 2\frac{2}{3} - \frac{1}{6}$ の計算をしましょう。

❶ $3\frac{1}{4} - 2\frac{2}{3} - \frac{1}{6} = 3\frac{\square}{12} - 2\frac{\square}{12} - \frac{\square}{12} = 2\frac{\square}{12} - 2\frac{\square}{12} - \frac{\square}{12} = \square$

❷ $3\frac{1}{4} - 2\frac{2}{3} - \frac{1}{6} = \frac{\square}{4} - \frac{\square}{3} - \frac{1}{6} = \frac{\square}{12} - \frac{\square}{12} - \frac{\square}{12} = \square$

❷ 計算をしましょう。

❶ $\frac{1}{2} + 1\frac{5}{6} + \frac{7}{4}$

❷ $1\frac{2}{5} - 1\frac{1}{3} + 1\frac{1}{4}$

❸ $1\frac{2}{3} - \left(2\frac{1}{6} - \frac{8}{9}\right)$

❹ $3\frac{3}{4} - 1\frac{7}{8} - 1\frac{5}{12}$

（　）があるときは,（　）の中から先に計算しよう。

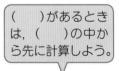

❸ 計算をしましょう。

❶ $\frac{4}{3} + \frac{6}{5} + 1\frac{1}{6}$

❷ $\frac{7}{6} - \left(2\frac{8}{9} - 2\frac{1}{2}\right)$

❸ $3\frac{1}{18} - 1\frac{5}{6} + \frac{4}{9}$

❹ $4\frac{4}{7} - 1\frac{2}{3} - 1\frac{5}{6}$

ポイント 3つの帯分数のたし算とひき算でも, 整数どうしと真分数どうしを計算する／帯分数を仮分数になおして計算する の2通りの方法があります。

答え 11ページ

時間 **20**分

得点
/100点

1 よく出る 計算をしましょう。　　　　　　　　　　　　　　　　1つ5〔40点〕

① $1\frac{2}{3}+1\frac{1}{4}$

② $1\frac{2}{9}+2\frac{1}{6}$

③ $1\frac{1}{6}+3\frac{3}{14}$

④ $\frac{4}{5}+1\frac{7}{10}$

⑤ $\frac{11}{10}+2\frac{1}{6}$

⑥ $2\frac{5}{8}+1\frac{1}{2}$

⑦ $2\frac{3}{4}+1\frac{5}{8}$

⑧ $3\frac{7}{12}+2\frac{7}{15}$

2 よく出る 計算をしましょう。　　　　　　　　　　　　　　　　1つ5〔40点〕

① $1\frac{5}{6}-\frac{3}{8}$

② $1\frac{11}{14}-1\frac{3}{10}$

③ $3\frac{2}{3}-1\frac{4}{9}$

④ $3\frac{3}{8}-2\frac{5}{12}$

⑤ $2\frac{8}{15}-1\frac{1}{12}$

⑥ $2\frac{5}{12}-\frac{2}{3}$

⑦ $2\frac{3}{5}-1\frac{3}{4}$

⑧ $4\frac{2}{21}-2\frac{13}{14}$

3 計算をしましょう。　　　　　　　　　　　　　　　　1つ5〔20点〕

① $\frac{3}{8}+\frac{11}{6}+1\frac{1}{2}$

② $1\frac{3}{10}-\frac{2}{3}+1\frac{1}{6}$

③ $\frac{7}{6}+2\frac{3}{4}-1\frac{5}{12}$

④ $4\frac{3}{5}-2\frac{7}{10}-1\frac{9}{14}$

 チェック ☑ □ 分母のちがう帯分数のたし算やひき算はできたかな？
　　　　　　　　□ 整数にくり上げるたし算や整数からくり下げるひき算はできたかな？

① わり算と分数
基本のワーク

答え 11ページ

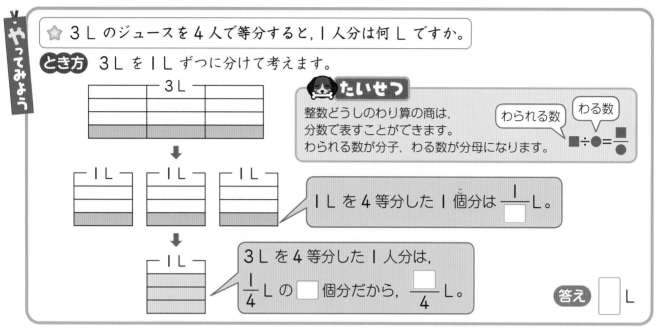

やってみよう

☆ 3Lのジュースを4人で等分すると，1人分は何Lですか。

とき方　3Lを1Lずつに分けて考えます。

たいせつ

整数どうしのわり算の商は，分数で表すことができます。
わられる数が分子，わる数が分母になります。

わられる数　わる数
■÷●＝□分の■

1Lを4等分した1個分は $\frac{1}{\square}$ L。

3Lを4等分した1人分は，
$\frac{1}{4}$ L の $\square$ 個分だから，$\frac{\square}{4}$ L。

答え $\square$ L

---

1 わり算の商を分数で表しましょう。

① 2÷7　　　　② 5÷6　　　　③ 13÷24

（　　　　）　　（　　　　）　　（　　　　）

④ 1÷12　　　⑤ 9÷7　　　　⑥ 23÷3

（　　　　）　　（　　　　）　　（　　　　）

2 $\square$ にあてはまる数を書きましょう。

① $\frac{2}{5} = 2 \div \square$　　　② $\frac{1}{6} = \square \div 6$

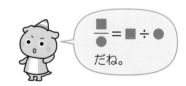

$\frac{■}{●} = ■ \div ●$ だね。

③ $\frac{9}{4} = \square \div 4$　　④ $\frac{14}{3} = \square \div 3$　　⑤ $\frac{10}{21} = \square \div 21$

3 5mのテープを6等分すると，1個分の長さは何mですか。

（　　　　）

ポイント　わり算の商と分数には，$■ \div ● = \frac{■}{●}$，$\frac{■}{●} = ■ \div ●$ の関係があります。

② 分数と小数，整数 (1)
基本のワーク

答え 11ページ

☆ 次の分数を小数で表しましょう。小数で正確に表せないときは，四捨五入して，$\frac{1}{100}$ の位(小数第二位)までのがい数で表しましょう。

① $\frac{2}{5}$　　　　　　　　　② $\frac{5}{9}$

とき方

① $\frac{2}{5} = 2 \div \boxed{} = \boxed{}$

② $5 \div 9 = 0.555\cdots$ ➡ $\boxed{}$

答え $\boxed{}$　　　　　　答え $\boxed{}$

たいせつ
分数を小数になおすには，分子を分母でわります。
分子　$\frac{\blacksquare}{\bullet} = \blacksquare \div \bullet$
分母

① $\frac{2}{5}$ と 0.4 をそれぞれ数直線に表し，大きさが等しいことを確かめましょう。

② 次の分数を，小数で表しましょう。

① $\frac{1}{4}$　　　　　　② $\frac{4}{5}$　　　　　　③ $\frac{3}{2}$

(　　　　　)　　(　　　　　)　　(　　　　　)

④ $\frac{5}{8}$　　　　　　⑤ $\frac{7}{10}$　　　　　　⑥ $\frac{3}{20}$

(　　　　　)　　(　　　　　)　　(　　　　　)

③ 小数で正確に表せる分数はどれですか。

⑦ $\frac{9}{25}$　　　　⑦ $\frac{5}{12}$　　　　⑨ $\frac{11}{6}$　　　　⑨ $\frac{11}{50}$

(　　　　　　　　)

ポイント 分数には小数で正確に表せるものと，表せないものがあります。

③ 分数と小数，整数 (2)
基本のワーク

答え 11ページ

☆ 次の小数を分数で表しましょう。
❶ 0.3　　　❷ 0.27　　　❸ 0.009

とき方 $0.1 = \dfrac{1}{10}$，$0.01 = \dfrac{1}{100}$，$0.001 = \dfrac{1}{1000}$ を使います。

❶ 0.3 は $\dfrac{1}{10}$ が ☐ 個分だから，0.3 = ☐　　　答え ☐

❷ 0.27 は $\dfrac{1}{100}$ が ☐ 個分だから，0.27 = ☐　　　答え ☐

❸ 0.009 は $\dfrac{1}{1000}$ が ☐ 個分だから，0.009 = ☐　　　答え ☐

たいせつ
小数は，10，100，1000 などを分母とする分数になおすことができます。

❶ 5 を分数で表しましょう。

$5 = ☐ \div 1 = \dfrac{☐}{1}$

整数は，1 などを分母とする
分数になおすことができるね。

❷ 小数や整数を分数で表しましょう。整数は，1 を分母とする分数で表しましょう。
❶ 0.004　　　　　　　　　　❷ 0.37

　　　　　　　（　　　　　）　　　　　　　　　　　（　　　　　）

❸ 3.1　　　　　　　　　　　❹ 8

　　　　　　　（　　　　　）　　　　　　　　　　　（　　　　　）

❸ ☐にあてはまる等号，不等号を書きましょう。
❶ 0.12 ☐ $\dfrac{1}{8}$　　　　　　　　❷ $\dfrac{15}{4}$ ☐ 3.75

❸ $3\dfrac{1}{3}$ ☐ 3.3

❶，❷は分数を小数に
なおすと比べやすいね。

ポイント 分数と小数は，分数どうし（または小数どうし）になおしてから，大きさを比べます。

④ 分数と小数のたし算とひき算，時間と分数
基本のワーク

答え 11ページ

☆ $\frac{3}{5}+0.3$ の計算をしましょう。

とき方 2つの方法で計算しましょう。

《1》 小数を分数で表して計算する。

$$\frac{3}{5}+0.3=\frac{3}{5}+\frac{\boxed{}}{10}$$
$$=\frac{6}{10}+\frac{\boxed{}}{10}$$
$$=\boxed{}$$

小数でも分数でも計算できるね。

《2》 分数を小数で表して計算する。

$$\frac{3}{5}+0.3=\boxed{}+0.3$$
$$=\boxed{}$$

答え $\boxed{}$　　　　答え $\boxed{}$

たいせつ
分数と小数のまじった計算は，どちらかにそろえて計算しますが，分数を小数で表せないときは，分数にそろえて計算します。

1 20分は何時間ですか。下の3つの方法で考えてみましょう。

《1》 1時間を60等分した20こ分だから，$\frac{20}{60}=\boxed{}$時間

《2》 1時間を12等分した4こ分だから，$\frac{\boxed{}}{12}=\boxed{}$時間

《3》 1時間を3等分した$\boxed{}$こ分だから，$\boxed{}$時間

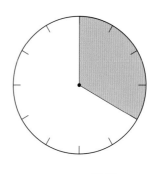

答え $\boxed{}$時間

2 計算をしましょう。

① $0.4+\frac{1}{2}$　　　　② $\frac{6}{7}-0.7$

3 □にあてはまる分数を書きましょう。

① 40分＝$\boxed{}$時間　　② 45秒＝$\boxed{}$分　　③ 110分＝$\boxed{}$時間

ポイント 分数と小数のまじった計算で，分数を小数で表せないときは，小数を分数で表して計算します。

まとめのテスト❶

時間 20分

得点 /100点

答え 12ページ

1 よく出る わり算の商を分数で表しましょう。 1つ6〔12点〕

① 5÷8

② 16÷7

( ) ( )

2 次の分数を、小数で表しましょう。小数で正確に表せないときは、四捨五入して、$\frac{1}{1000}$ の位までのがい数で表しましょう。 1つ5〔20点〕

① $\frac{3}{5}$

② $\frac{1}{6}$

( ) ( )

③ $\frac{31}{20}$

④ $\frac{8}{25}$

( ) ( )

3 よく出る 次の小数や整数を、分数で表しましょう。整数は、1を分母とする分数で表しましょう。 1つ5〔20点〕

① 0.7

② 0.29

( ) ( )

③ 0.025

④ 9

( ) ( )

4 ( )の中の数の大きさを比べ、不等号を使って表しましょう。 1つ5〔10点〕

① $\left(\frac{4}{5}, 0.9\right)$

② $\left(0.72, \frac{5}{7}\right)$

( ) ( )

5 計算をしましょう。 1つ5〔20点〕

① $0.2+\frac{1}{3}$

② $\frac{5}{8}-0.5$

③ $\frac{2}{5}+1.1$

④ $1.35-\frac{5}{12}$

6 □にあてはまる分数を書きましょう。 1つ6〔18点〕

① 12分=□時間 ② 105分=□時間 ③ 55秒=□分

チェック ✔
□ わり算の商を分数で表せたかな？
□ 分数を小数で表せたかな？

勉強した日 ▶ 　月　　日

 まとめのテスト❷

時間 **20** 分

得点 ／100点

答え 12ページ

1 わり算の商を分数で表しましょう。　　　　　　　　　　1つ6〔12点〕

① 7÷9　　　　　　　　　　　　　② 25÷7

（　　　　　　　　　）　　　　　　　　　　　　　　（　　　　　　　　　）

2 次の分数を，小数で表しましょう。小数で正確に表せないときは，四捨五入して，$\dfrac{1}{1000}$ の位までのがい数で表しましょう。　　　　　　　　　　1つ5〔20点〕

① $\dfrac{7}{8}$　　　　　　　　　　　　　② $\dfrac{8}{9}$

（　　　　　　　　　）　　　　　　　　　　　　　　（　　　　　　　　　）

③ $\dfrac{21}{10}$　　　　　　　　　　　　④ $\dfrac{7}{12}$

（　　　　　　　　　）　　　　　　　　　　　　　　（　　　　　　　　　）

3 次の小数や整数を，分数で表しましょう。整数は，1を分母とする分数で表しましょう。　　　　　　　　　　1つ5〔20点〕

① 0.009　　　　　　　　　　　　② 0.17

（　　　　　　　　　）　　　　　　　　　　　　　　（　　　　　　　　　）

③ 2.08　　　　　　　　　　　　④ 13

（　　　　　　　　　）　　　　　　　　　　　　　　（　　　　　　　　　）

4 次の数を，小さい順にならべましょう。　　　　　　　　　　1つ5〔10点〕

① 0.6, $\dfrac{2}{3}$, $\dfrac{4}{7}$　　　　　　　　② 1.2, $\dfrac{5}{4}$, $1\dfrac{2}{7}$, $\dfrac{9}{8}$

（　　　　　　　　　）　　　　　　　　　　　　　　（　　　　　　　　　）

5 計算をしましょう。　　　　　　　　　　1つ5〔20点〕

① $0.5+\dfrac{3}{4}$　　　　　　　　　　② $\dfrac{5}{6}-0.7$

③ $\dfrac{3}{14}+0.9$　　　　　　　　　　④ $1.55-\dfrac{2}{15}$

6 ☐にあてはまる分数を書きましょう。　　　　　　　　　　1つ6〔18点〕

① 85分＝☐時間　　② 48秒＝☐分　　③ 100秒＝☐分

チェック✓　☐小数や整数を，分数で表せたかな？
　　　　　　　　　☐小数と分数のまじったたし算，ひき算ができたかな？

63

① 平均
基本のワーク

答え 12ページ

やってみよう

☆ 4個のオレンジをしぼってそれぞれジュースをとったら，右のようになりました。オレンジ1個あたりからとれたジュースの平均は何 mL ですか。

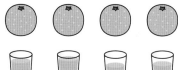
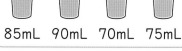

85mL　90mL　70mL　75mL

とき方 合計÷個数　を計算をして求めます。

$(85+90+70+75)÷\boxed{}=\boxed{}$

ジュースの量の合計

答え $\boxed{}$ mL

たいせつ

いくつかの数量を，等しい大きさになるようにならしたものを**平均**といいます。
平均＝合計÷個数

---

1 次のたまごの重さの平均を求めましょう。

51g 50g 58g 57g 52g 56g

（　　　　　　）

---

2 下の表は，月曜日から金曜日までの間に貸し出した本のさっ数を表したものです。
1日に平均何さつが貸し出されていることになりますか。

0 も個数にふくめて
計算するよ。

貸し出した本のさっ数

曜日	月	火	水	木	金
さっ数(さつ)	5	3	0	2	5

（　　　　　　）

---

3 下の表は，サッカーチームの最近6試合の得点を表したものです。
1試合に平均何点とったことになりますか。

平均では，ふつう
小数で表せないも
のも，小数で表す
ことがあるんだね。

6試合の得点

試合数	1試合目	2試合目	3試合目	4試合目	5試合目	6試合目
得点(点)	2	4	3	0	5	1

（　　　　　　）

---

4 オレンジ1個をしぼってとれたジュースの量の平均は 80mL です。
このオレンジを 30個しぼると，何mL のジュースがつくれることになりますか。

0 80　　　　　　　　　　　　　　　　　□(mL)

0 1　　　　　　　　　　　　　　　　　30(個)

$80×\boxed{}=\boxed{}$

（　　　　　　）

ポイント　平均＝合計÷個数　です。平均を求めるときは，数量が 0 の場合も個数にふくめて計算します。

② 単位量あたりの大きさ
基本のワーク

答え 12ページ

☆ 右の表は，A，B の部屋の面積と人数を表したものです。どちらの部屋がこんでいますか。

	面積(m²)	人数(人)
A	18	9
B	30	12

とき方 2通りの方法で比べてみましょう。

《1》 1m² あたりの人数を求めます。

　　　人数　÷　面積(m²)　=　1m² あたりの人数

A　 9 　÷　 18 　=　 0.5 （人）

B　[　　]　÷　[　　]　=　[　　]（人）

たいせつ

こみぐあいを比べるときには，1m² あたりの人数を調べたり，1人あたりの面積を調べたりします。このようにして表した大きさを，「単位量あたりの大きさ」といいます。

《2》 1人あたりの面積を求めます。

　　　面積　÷　人数(人)　=　1人あたりの面積

A　 18 　÷　 9 　=　 2 （m²）

B　[　　]　÷　[　　]　=　[　　]（m²）

答え [　　] の部屋

1 右の表で，A市，B市のどちらがこんでいますか。1km² あたりの人口を求めて，どちらがこんでいるかを答えましょう。B市の 1km² あたりの人口は四捨五入して，上から2けたのがい数で求めましょう。

	面積(km²)	人口(人)
A市	125	135600
B市	56	56420

　　人口(人)　÷　　面積(km²)　=　1km² あたりの人口

A市　 135600 　÷　　 125 　　=　 1084.8 （1100）

B市　[　　　　]　÷　[　　　　]　=　[　　　　]

答え（　　　　　　　　）

2 1m あたりの重さが 12g のはり金があるとき，次の数量を求めましょう。

❶ このはり金 3m の重さ

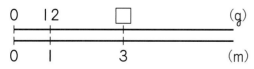

（　　　　　　　　）

❷ このはり金 60g の長さ

（　　　　　　　　）

ポイント　単位面積あたりの人口を「人口密度」といいます。人口密度は，ふつうは 1km² あたりの人口で表します。人口密度＝人口(人)÷面積(km²)

まとめのテスト①

時間 20分

得点 /100点

答え 12ページ

1 よく出る 次の数量の平均を求めましょう。 1つ10〔30点〕

❶ 11dL, 0dL, 14dL, 9dL, 10dL

( )

❷ 25分, 36分, 20分, 44分, 40分, 29分, 32分, 22分

( )

❸ 14.3kg, 26.0kg, 19.5kg, 25.4kg, 31.6kg, 21.8kg

( )

2 次の表の空らんにあてはまる数を答えましょう。 1つ8〔16点〕

❶ 各クラスの人数

クラス	1	2	3	4	5	1クラス平均
人数(人)	28	33	32		27	29.4

❷ 家から学校まで行くのに
かかった時間

曜日	月	火	水	木	金	1日平均
かかった時間(分)	15	13		10	11	12

3 ひろきさんは, 1日に平均25ページずつ本を読みます。1週間では, 何ページ読むことになりますか。 〔8点〕

( )

4 次の単位量あたりの大きさを求めましょう。 1つ8〔16点〕

❶ 12m²の学校園でじゃがいもが45kgとれたとき,
1m²あたりのとれた重さ

( )

❷ 14分間に105m²の畑を耕すことができるトラクターの,
1分間あたりに耕すことができる面積

( )

5 よく出る 右の表で, A県, B県の人口密度を, 四捨五入
して上から2けたのがい数で求めましょう。 1つ8〔16点〕

	面積(km²)	人口(万人)
A県	9607	146
B県	11612	125

A県 ( )   B県 ( )

6 花だんに, 1m²あたり0.6kgの肥料をまくとき, 次の数量を求めましょう。 1つ7〔14点〕

❶ 1.5kgの肥料をまくとき, まくことができる花だんの面積

( )

❷ 9.8m²の花だんにまくのに使う肥料の重さ

( )

チェック ✔
□ 平均を求めることができたかな?
□ 平均をもとにしてあてはまる数を求めることができたかな?

まとめのテスト❷

答え 12ページ

時間 20分

得点 /100点

1 よく出る 次の数量の平均を求めましょう。　　　　　　　　　　　　1つ10〔30点〕

❶ 50L，43L，23L，48L，36L，28L

（　　　　　　）

❷ 65点，82点，74点，78点，98点，83点

（　　　　　　）

❸ 19.4cm，46.3cm，0cm，31.3cm，28.5cm

（　　　　　　）

2 次の表の空らんにあてはまる数を答えましょう。　　　　　　　　　1つ7〔14点〕

❶ ボール投げの記録

回数	1	2	3	4	5	1回平均
投げたきょり(m)	35	33	41	39		38.2

❷ 先週わすれ物をした人数

曜日	月	火	水	木	金	1日平均
人数(人)	8	2	0		5	3.6

3 クッキー1まい分の重さを平均7.5gとします。同じ種類のクッキーが180gあるとき，クッキーは何まいあると考えられますか。　　　　　　　　　　　　　〔7点〕

（　　　　　　）

4 次の単位量あたりの大きさを求めましょう。　　　　　　　　　　　1つ7〔21点〕

❶ 9.5mで57gのはり金の，1mあたりの重さ

（　　　　　　）

❷ 5.04Lのペンキで5.6m²の面積をぬれるとき，1m²あたりに使うペンキの量

（　　　　　　）

❸ 225gで450円のぶた肉の，100gあたりのねだん

（　　　　　　）

5 よく出る 右の表で，A市，B市の人口密度を，四捨五入して上から2けたのがい数で求めましょう。　　1つ7〔14点〕

	面積(km²)	人口(万人)
A市	626	104
B市	1018	134

A市（　　　　　　）　　B市（　　　　　　）

6 ガソリン15Lで168km走る自動車があるとき，次の数量を求めましょう。　1つ7〔14点〕

❶ ガソリン35Lでこの自動車が走れるきょり

❷ この自動車が280km走るのに使うガソリンの量

（　　　　　　）　　　　　　　（　　　　　　）

チェック ✓
□ 単位量あたりの大きさが求められたかな？
□ 人口密度が求められたかな？

① 速さの比べ方
基本のワーク

答え 12ページ

☆ A さんは 3 時間に 12 km 歩き，B さんは 2 時間に 10 km 歩きます。
　① 1 時間に進む道のりは，それぞれ何 km ですか。
　② 1 km 進むのにかかる時間は，それぞれ何時間ですか。
　③ A さんと B さんでは，どちらが速いでしょうか。

とき方　① A…12÷3＝□, B…10÷□＝□　　　答え A □ km　B □ km

　② A…3÷12＝□, B…2÷□＝□

　　　　　　　　　　　　　　　　　　答え A □ 時間　B □ 時間

　③　1 時間に進む道のりが長いほうが，また 1 km 進むのにかかる時間が □ ほうが
速いので，□ さんのほうが速いといえます。　　　答え □ さん

たいせつ

速さを比べるときには，同じ時間に進む道のりや，同じ道のりを進むのにかかる時間などの，単位量あたりの考えを使って比べます。

❶ A の自動車は 8 時間に 400 km 走り，B の自動車は 6 時間に 240 km 走ります。
　① 1 時間に進む道のりは，それぞれ何 km ですか。

　　　　　　　　　　　　A (　　　　　　)　B (　　　　　　)

　② 1 km 進むのにかかる時間は，それぞれ何時間ですか。

　　　　　　　　　　　　A (　　　　　　)　B (　　　　　　)

　③　A の自動車と B の自動車では，どちらが速いでしょうか。

　　　　　　　　　　　　　　　　　　　　(　　　　　　)

❷ どちらが速いでしょうか。
　① 1000 m を 4 分で走る自転車 A と，
　　3600 m を 15 分で走る自転車 B

　　　　　(　　　　　　)

　② 2 時間に 90 km 飛ぶ鳥と，3 時間に
　　132 km 走る車

　　　　　(　　　　　　)

　③ 126 m を 7 秒で走る犬と，90 m を 6
　　秒で走るキリン

　　　　　(　　　　　　)

　④ 32 km を 40 分で進む船 A と，27 km を
　　30 分で進む船 B

　　　　　(　　　　　　)

　⑤ 5 分で 5.8 km 走る馬と，3.6 km を 3
　　分で走るカンガルー

　　　　　(　　　　　　)

同じ時間に進む道のりが長いほうが，速いんだね。

  ポイント 速さを比べるときは，同じ時間に進む道のりや，同じ道のりを進むのにかかる時間などを求めて比べます。

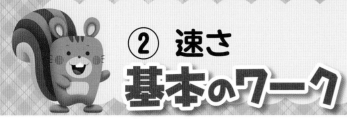

② 速さ
基本のワーク

答え 12ページ

☆ 次の速さを，〔　〕の中の単位で求めましょう。

❶ 4時間で16km歩く人の時速〔km〕　❷ 1200mを6分で走る自転車の分速〔m〕

とき方 速さは，単位時間に進む道のりで表します。　速さ＝道のり÷□

時速…□に進む道のりで表した速さ

□…1分間に進む道のりで表した速さ

秒速…□に進む道のりで表した速さ

❶ 16÷□=□　　　　　　　　　　　　　　　**答え** 時速□km

❷ 1200÷□=□　　　　　　　　　　　　　**答え** 分速□m

1 次の速さを，〔　〕の中の単位で求めましょう。

❶ 135kmの道のりを3時間で進む自動車の時速〔km〕

❷ 520mの道のりを8分で歩いたときの分速〔m〕

（　　　　　　　）　　（　　　　　　　）

❸ 200mのコースを40秒で走ったときの秒速〔m〕

❹ 3.5時間に175km走る自動車の時速〔km〕

（　　　　　　　）　　（　　　　　　　）

❺ 14分間に3500m走る人の分速〔m〕

❻ 15秒間に5100m伝わる音の秒速〔m〕

（　　　　　　　）　　（　　　　　　　）

2 次の速さを，〔　〕の中の単位で求めましょう。

❶ 45秒間に3.6km飛ぶ鳥の秒速〔km〕

❷ 2.5分間に4.5km走る特急列車の分速〔km〕

（　　　　　　　）　　（　　　　　　　）

❸ 119.8kmを0.4時間で走るレーシングカーの時速〔km〕

（　　　　　　　）

ポイント 速さは，単位時間に進む道のりで表します。速さには，時間の単位によって，時速，分速，秒速があります。

③ 道のり
基本のワーク

答え 13ページ

☆ 次の道のりを，〔 〕の中の単位で求めましょう。

❶ 時速 70 km で走る電車が 3 時間に進む道のり〔km〕

❷ 720 m を 8 分で歩く人が 15 分間歩いたときに進む道のり〔m〕

とき方 速さ＝ ◯ ÷時間 だから，道のり＝ ◯ ×時間

❶ ◯ ×3＝ ◯   **答え** ◯ km

❷ まず 720 m を 8 分で歩く人の分速を求めると，

◯ ÷8＝ ◯

求める道のりは， ◯ ×15＝ ◯   **答え** ◯ m

ちゅうい
速さの単位（時速，分速，秒速）と道のりの単位（m，km）に注意して計算しましょう。

❶ 次の道のりを，〔 〕の中の単位で求めましょう。

❶ 1 秒間に 9 cm 進むカメが 45 秒間に進む道のり〔cm〕

（　　　　　　）

❷ 1 分間に 100 m 泳ぐ人が 15 分間に進む道のり〔m〕

（　　　　　　）

❸ 1 時間に 35 km 進む船が 4 時間に進む道のり〔km〕

（　　　　　　）

❹ 分速 65 m で歩く人が 25 分間に進む道のり〔m〕

（　　　　　　）

❺ 秒速 48 m で飛ぶ鳥が 25 秒間に進む道のり〔m〕

（　　　　　　）

❻ 時速 45 km で走る自動車が 1.2 時間に進む道のり〔km〕

（　　　　　　）

❷ 次の道のりを，〔 〕の中の単位で求めましょう。

❶ 72 km の道のりを 80 分で走る自動車が 30 分間に進む道のり〔km〕

（　　　　　　）

❷ 18 秒間に 360 m 進む自動車が 150 秒間に進む道のり〔m〕

（　　　　　　）

❸ 2 時間に 170 km 走る列車が 0.8 時間に進む道のり〔km〕

（　　　　　　）

❹ 32 km を 25 分で走る馬が 15 分間に進む道のり〔km〕

（　　　　　　）

ポイント 速さ，道のり，時間の 3 つのうちの 2 つがわかっていると残りがわかります。
速さと時間から道のりを求めるときは，道のり＝速さ×時間　で求めます。

④ 時間
基本のワーク

答え 13ページ

☆ 次の時間を，〔 〕の中の単位で求めましょう。
① 秒速64mで進む新幹線が1600m進むのにかかる時間〔秒〕
② 42kmを35分で走る自動車が30km進むのにかかる時間〔分〕

とき方 速さ＝道のり÷□ だから，時間＝道のり÷□

0　64　　　　　　　1600 (m)

① □÷64=□　　　**答え** □ 秒

0　1　　　　　　　□ （秒）

② まず42kmを35分で走る自動車の分速を求めると，

□÷35=□

求める時間は，30÷□=□　　　**答え** □ 分

❶ 次の時間を，〔 〕の中の単位で求めましょう。

① 時速32kmで進むフェリーが160km進むのにかかる時間〔時間〕

（　　　　　　　　）

② 分速225mで走る人が3600m進むのにかかる時間〔分〕

（　　　　　　　　）

③ 秒速24mで走る列車が1800m進むのにかかる時間〔秒〕

（　　　　　　　　）

④ 分速1.2kmで走る自動車が60km進むのにかかる時間〔分〕

（　　　　　　　　）

⑤ 秒速0.34kmで伝わる音が8.5km進むのにかかる時間〔秒〕

（　　　　　　　　）

⑥ 時速85kmで進む特急列車が102km進むのにかかる時間〔時間〕

（　　　　　　　　）

❷ 次の時間を，〔 〕の中の単位で求めましょう。

① 112mを4秒で走るチーターが210m進むのにかかる時間〔秒〕

（　　　　　　　　）

② 8kmを32分で走る人が5km進むのにかかる時間〔分〕

（　　　　　　　　）

③ 行きに時速45kmで1.2時間かかった道のりを，時速40kmで帰るときにかかる時間〔時間〕

行きの速さと時間から，道のりがわかるね。

（　　　　　　　　）

ポイント 時間＝道のり÷速さ
計算するときは，単位に注意しましょう。

⑤ 時速・分速・秒速
基本のワーク

答え　13ページ

☆ 次の問題に答えましょう。

❶ 秒速3mは分速何mですか。また，時速何kmですか。

❷ 時速45kmは分速何mですか。また，秒速何mですか。

単位をそろえることが大切だね！

とき方 ❶ 　分速は，1分＝60秒だから，3×60＝□

また，時速は，1時間＝60分だから，□×60＝□

mをkmになおすと，10800÷1000＝□　**答え** 分速□m　時速□km

❷ kmをmになおすと，45km＝□mだから，

分速は，45000÷60＝□

また，秒速は，□÷60＝□

答え 分速□m　秒速□m

たいせつ

　　÷60　　÷60
時速　分速　秒速
　　×60　　×60

❶ 分速210mが秒速何mか，また時速何kmかを求めます。□にあてはまる数を書きましょう。

〈秒速〉…210÷□＝□より，秒速□m

〈時速〉…210×□＝□，

mをkmになおすと，12600m＝□kmだから，時速□km

❷ 次の速さを，〔　〕の中の単位で求めましょう。

❶ 時速48kmですべるスケート選手の分速〔m〕

❷ 分速12cmで進むかたつむりの秒速〔cm〕

（　　　　　）　　（　　　　　）

❸ 時速297kmで走るレーシングカーの秒速〔m〕

❹ 分速160mの川の流れの時速〔km〕

（　　　　　）　　（　　　　　）

❺ 秒速24kmの流れ星の分速〔km〕

❻ 秒速1.2mで歩く人の時速〔km〕

（　　　　　）　　（　　　　　）

❸ 右の表の空らんにあてはまる数を答えましょう。

	秒速	分速	時速
自動車	m	m	63km
電車	m	1230m	km
飛行機	275m	km	km

ポイント 1時間＝60分，1分＝60秒だから，60×60＝3600より1時間＝3600秒

⑥ 速さ・道のり・時間の問題
基本のワーク

答え 13ページ

☆ 次の道のりと時間を，〔　〕の中の単位で求めましょう。

❶ 時速 48 km で走る自動車が 35 分間に進む道のり〔km〕

❷ 分速 90 m で歩く人が 8.1 km 進むのにかかる時間〔時間〕

とき方 ❶ 時速 48 km を分速になおすと，48÷60＝[　　]

35 分間に進む道のりは，[　　]×35＝[　　] **答え** [　　]km

❷ 分速 90 m を時速になおすと，90×60＝[　　] km で表すと，時速[　　]km

8.1 km 進むのにかかる時間は，8.1÷[　　]＝[　　] **答え** [　　]時間

ちゅうい
単位をそろえて計算します。

---

1 次の道のりを，〔　〕の中の単位で求めましょう。

❶ 分速 1.7 km の列車が 1.5 時間に進む道のり〔km〕

（　　　　　　　　）

❷ 分速 312 m で走る人が 25 秒間に進む道のり〔m〕

（　　　　　　　　）

❸ 時速 36 km のトラックが 4 分間に進む道のり〔km〕

（　　　　　　　　）

❹ 3 時間に 216 km 走る自動車が 45 秒間に進む道のり〔m〕

（　　　　　　　　）

2 次の時間を，〔　〕の中の単位で求めましょう。

❶ 1 秒間に 340 m 進む音が 102 km 進むのにかかる時間〔分〕

（　　　　　　　　）

❷ 分速 40 m で山道を登る人が 3.6 km 進むのにかかる時間〔時間〕

（　　　　　　　　）

❸ 4 時間で 16 km 歩く人が 5 km 進むのにかかる時間〔分〕

（　　　　　　　　）

❹ 行きに時速 6 km で 20 分かかった道のりを，時速 4 km で帰るときにかかる時間〔分〕

（　　　　　　　　）

ポイント 速さ・道のり・時間の公式を使うときは，単位がそろっているかをまず確かめます。
このとき，1 分で○ m だと 1 時間で□ m のように，ていねいに考えることが大切です。

まとめのテスト①

答え 13ページ

時間 20分

得点 /100点

勉強した日 月 日

1 よく出る 次の速さを，〔 〕の中の単位で求めましょう。 1つ6〔18点〕

① 72km を 3 時間で進む船の時速〔km〕

（ 　　　　　　 ）

② 975m を 15 分間で歩く人の分速〔m〕

（ 　　　　　　 ）

③ 2340m を 45 秒間で飛ぶ鳥の秒速〔m〕

（ 　　　　　　 ）

2 よく出る 次の道のりを，〔 〕の中の単位で求めましょう。 1つ6〔18点〕

① 時速 55km で進む自動車が 1.4 時間に進む道のり〔km〕

（ 　　　　　　 ）

② 分速 64m で歩く人が 45 分間に進む道のり〔m〕

（ 　　　　　　 ）

③ 秒速 5.2m で走る自転車が 25 秒間に進む道のり〔m〕

（ 　　　　　　 ）

3 よく出る 次の時間を，〔 〕の中の単位で求めましょう。 1つ6〔18点〕

① 時速 75km で走る自動車が 90km 進むのにかかる時間〔時間〕

（ 　　　　　　 ）

② 分速 72m で泳ぐ人が 180m 進むのにかかる時間〔分〕

（ 　　　　　　 ）

③ 秒速 25m で飛ぶ鳥が 160m 進むのにかかる時間〔秒〕

（ 　　　　　　 ）

4 右の表の空らんにあてはまる数を答えましょう。 1つ7〔28点〕

	秒速	分速	時速
電車	25m	km	km
自動車	m	1.2km	km

5 次の速さ，道のり，時間を，〔 〕の中の単位で求めましょう。 1つ6〔18点〕

① 8 秒間に 50m 走る人の分速〔m〕

（ 　　　　　　 ）

② 時速 72km で走る列車が 7 分間に進む道のり〔km〕

（ 　　　　　　 ）

③ 0.96km を 4 分で進む自転車で 48m 進むのにかかる時間〔秒〕

（ 　　　　　　 ）

□ 時速，分速，秒速が求められたかな？
□ 進む道のりが求められたかな？

まとめのテスト❷

答え 13ページ

時間 20分

得点 /100点

1 よく出る 次の速さを，〔 〕の中の単位で求めましょう。　1つ6〔18点〕

❶ 6時間に510km走る自動車の時速〔km〕

（　　　　　）

❷ 16秒間に456m走るチーターの秒速〔m〕

（　　　　　）

❸ 25分間に7.8km走るランナーの分速〔m〕

（　　　　　）

2 よく出る 次の道のりを，〔 〕の中の単位で求めましょう。　1つ6〔18点〕

❶ 時速45kmのオートバイが3.2時間に進む道のり〔km〕

（　　　　　）

❷ 分速1.3kmの列車が35分間に進む道のり〔km〕

（　　　　　）

❸ 秒速78mで走る新幹線が6.5秒間に進む道のり〔m〕

（　　　　　）

3 よく出る 次の時間を，〔 〕の中の単位で求めましょう。　1つ6〔18点〕

❶ 時速4.5kmで歩く人が8.1km進むのにかかる時間〔時間〕

（　　　　　）

❷ 分速280mで走るランナーが7km進むのにかかる時間〔分〕

（　　　　　）

❸ 秒速340mの音が5.1km先に伝わるのにかかる時間〔秒〕

（　　　　　）

4 右の表の空らんにあてはまる数を答えましょう。　1つ7〔28点〕

	秒速	分速	時速
歩く人	m	m	4.5km
自転車	m	345m	km

 5 次の速さ，道のり，時間を，〔 〕の中の単位で求めましょう。　1つ6〔18点〕

❶ 時速36kmで24分かかる道のりを，20分で進むときの分速〔m〕

（　　　　　）

❷ 時速54kmで走る電車が20秒間に進む道のり〔m〕

（　　　　　）

❸ 1.6時間に7.2km歩く人が900m進むのにかかる時間〔分〕

（　　　　　）

 □ かかる時間が求められたかな？
□ 単位をかえて，速さ，時間，道のりを求めることができたかな？

75

勉強した日　月　日

① 平行四辺形の面積
基本のワーク

答え 14ページ

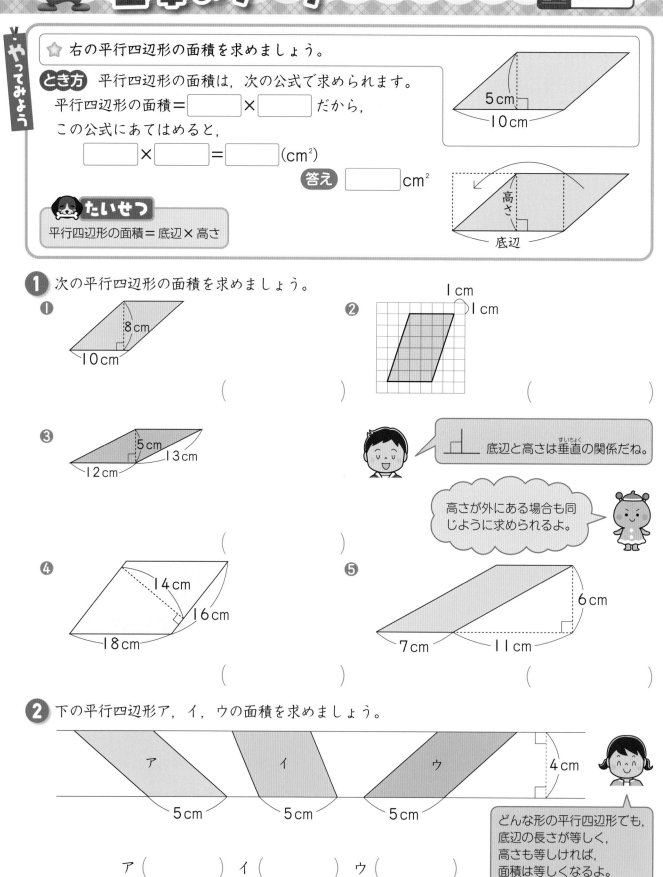

やってみよう

⭐ 右の平行四辺形の面積を求めましょう。

とき方　平行四辺形の面積は，次の公式で求められます。

平行四辺形の面積＝ □ × □ だから，

この公式にあてはめると，

□ × □ ＝ □ （cm²）

答え □ cm²

5cm
10cm

高さ
底辺

たいせつ

平行四辺形の面積＝底辺×高さ

① 次の平行四辺形の面積を求めましょう。

❶
8cm
10cm

（　　　　　　　）

❷
1cm
1cm

（　　　　　　　）

❸
5cm
13cm
12cm

（　　　　　　　）

底辺と高さは垂直の関係だね。

高さが外にある場合も同じように求められるよ。

❹
14cm
16cm
18cm

（　　　　　　　）

❺
6cm
7cm　11cm

（　　　　　　　）

② 下の平行四辺形ア，イ，ウの面積を求めましょう。

ア　　イ　　ウ　4cm
5cm　5cm　5cm

ア（　　　）イ（　　　）ウ（　　　）

どんな形の平行四辺形でも，底辺の長さが等しく，高さも等しければ，面積は等しくなるよ。

ポイント　平行四辺形の面積＝底辺×高さ　で求められます。底辺と高さは垂直の関係であることに注意しましょう。

② 三角形の面積
基本のワーク

答え 14ページ

やってみよう

☆ 右の三角形の面積を求めましょう。

とき方 三角形の面積は，次の公式で求められます。

三角形の面積＝□×□÷□ だから，
この公式にあてはめると，

□×□÷□＝□（cm²）

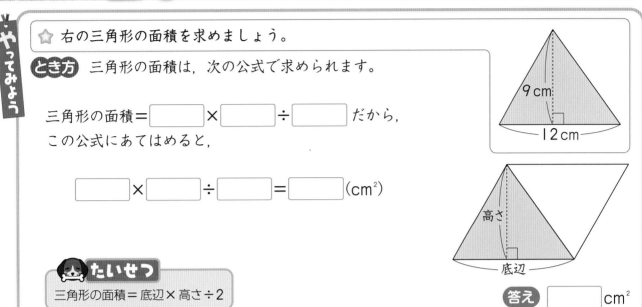

たいせつ

三角形の面積＝底辺×高さ÷2

答え □ cm²

---

1 次の三角形の面積を求めましょう。

❶
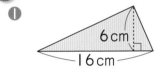
6cm
16cm

（　　　　　）

❷
1cm
1cm
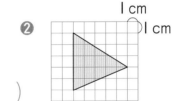

（　　　　　）

❸
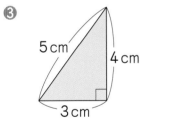
5cm
4cm
3cm

（　　　　　）

底辺と高さは垂直だね！

❹
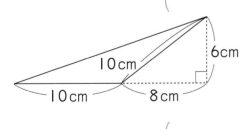
10cm
6cm
10cm　8cm

（　　　　　）

❺
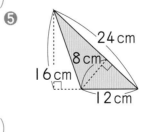
24cm
8cm
16cm
12cm

（　　　　　）

2 下の三角形ア，イ，ウの面積を求めましょう。

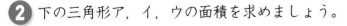
4cm
ア　イ　ウ
3cm　3cm　3cm

ア（　　　　）イ（　　　　）ウ（　　　　）

ポイント 三角形の面積は，その三角形と底辺，高さがそれぞれ等しい平行四辺形の面積の半分になります。

③ 台形とひし形の面積
基本のワーク

答え 14ページ

⭐ 次の台形とひし形の面積を求めましょう。

❶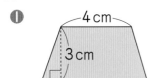

❷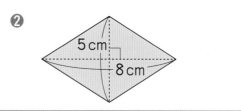

とき方 ❶　台形の面積は，右のような平行四辺形の面積の半分です。

台形の面積は，次の公式で求められます。

台形の面積＝(上底＋下底)×□÷□ だから，

この公式にあてはめると，

$(4+6)×□÷□=□(cm^2)$

答え □cm²

❷　ひし形の面積は，右のような長方形の面積の半分です。

ひし形の面積は，次の公式で求められます。

ひし形の面積＝一方の対角線×もう一方の対角線

÷□ だから，この公式にあてはめると，

$8×□÷□=□(cm^2)$

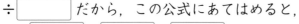

答え □cm²

たいせつ
台形の面積＝(上底＋下底)×高さ÷2，ひし形の面積＝一方の対角線×もう一方の対角線÷2

❶ 次の台形の面積を求めましょう。

❶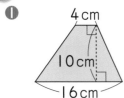

（　　　　　　　）

❷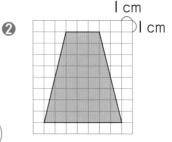

（　　　　　　　）

❸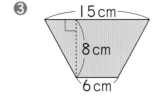

（　　　　　　　）

❹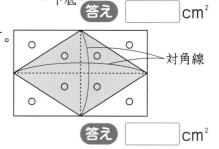

（　　　　　　　）

❷ 次のひし形の面積を求めましょう。

❶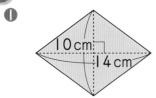

（　　　　　　　）

❷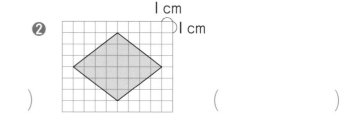

（　　　　　　　）

ポイント 台形の面積は，平行四辺形の面積の半分と考えて求めることができます。
ひし形の面積は，長方形の面積の半分と考えて求めることができます。

④ 面積の求め方のくふう，面積と底辺・高さ

基本のワーク

答え 14ページ

☆ 右の図で，色のついた部分の面積を求めましょう。

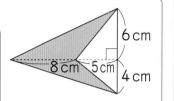

とき方 次の2つの方法で求めましょう。

《1》 下の図のように，2つの三角形の面積をたして求める。

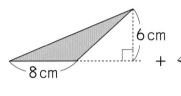 ＋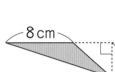

$8 \times \boxed{} \div 2 + 8 \times \boxed{} \div 2 = \boxed{}$

答え $\boxed{}$ cm²

《2》 下の図のように，面積を変えずに，三角形の頂点を移動させて，1つの三角形として求める。

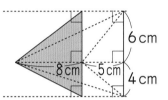

$(\boxed{} + \boxed{}) \times \boxed{} \div 2 = \boxed{}$

答え $\boxed{}$ cm²

たいせつ

複雑な図形でも，三角形に分けたり，面積を変えずに形を変えたりして面積を求めることができます。

1 次の図で，色のついた部分の面積を求めましょう。

❶

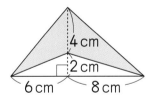

（　　　　　　　）

❷

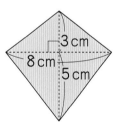

（　　　　　　　）

❸

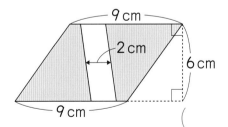

（　　　　　　　）

色のついていない部分を動かすと…。

2 下の三角形の高さを求めましょう。

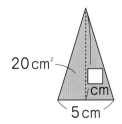

（　　　　　　　）

ポイント **1**❶では，底辺と高さが等しい三角形を考えて，面積を変えずに形を変えることができます。

まとめのテスト①

時間 20分

答え 14ページ

得点 /100点

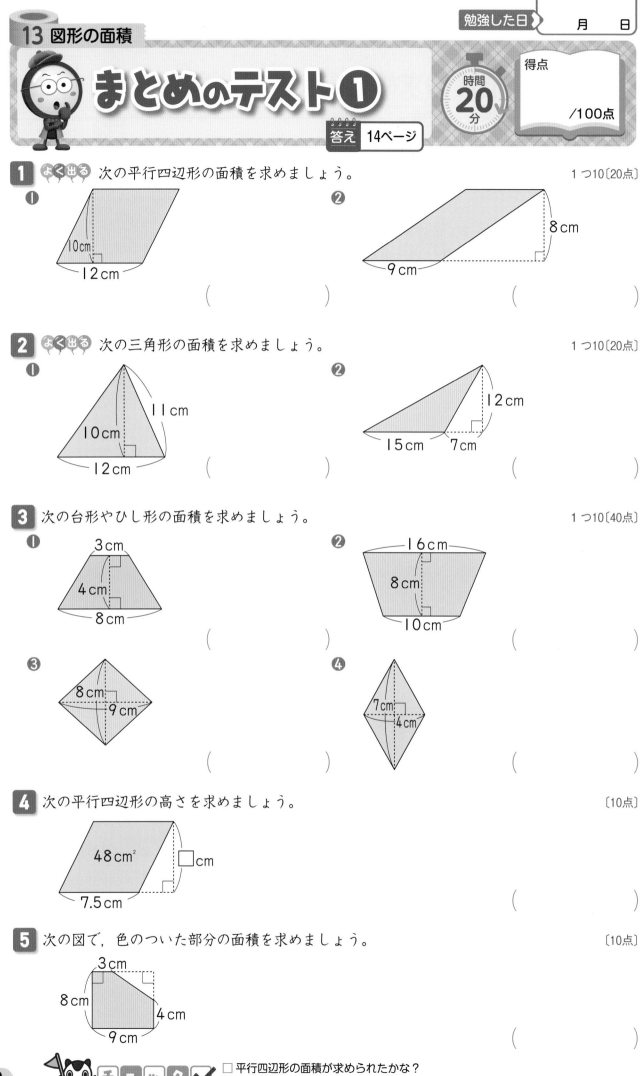

1 よく出る 次の平行四辺形の面積を求めましょう。 1つ10〔20点〕

❶ 10cm 12cm

( )

❷ 8cm 9cm

( )

2 よく出る 次の三角形の面積を求めましょう。 1つ10〔20点〕

❶ 11cm 10cm 12cm

( )

❷ 12cm 15cm 7cm

( )

3 次の台形やひし形の面積を求めましょう。 1つ10〔40点〕

❶ 3cm 4cm 8cm

( )

❷ 16cm 8cm 10cm

( )

❸ 8cm 9cm

( )

❹ 7cm 4cm

( )

4 次の平行四辺形の高さを求めましょう。 〔10点〕

48cm² □cm 7.5cm

( )

5 次の図で，色のついた部分の面積を求めましょう。 〔10点〕

3cm 8cm 4cm 9cm

( )

チェック ☑ □平行四辺形の面積が求められたかな？
□三角形の面積が求められたかな？

まとめのテスト❷

答え 14ページ

時間 20分

得点 /100点

1 よく出る 次の平行四辺形の面積を求めましょう。 1つ10〔20点〕

❶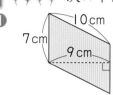
10cm
7cm
9cm

❷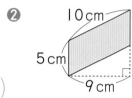
10cm
5cm
9cm

（　　　　　）　　　　　（　　　　　）

2 よく出る 次の三角形の面積を求めましょう。 1つ10〔20点〕

❶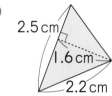
2.5cm
1.6cm
2.2cm

❷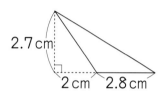
2.7cm
2cm　2.8cm

（　　　　　）　　　　　（　　　　　）

3 次の台形やひし形の面積を求めましょう。 1つ10〔40点〕

❶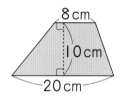
8cm
10cm
20cm

❷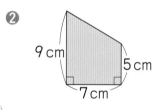
9cm
5cm
7cm

（　　　　　）　　　　　（　　　　　）

❸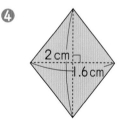
4.5cm
6cm

❹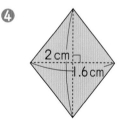
2cm
1.6cm

（　　　　　）　　　　　（　　　　　）

4 次の図で，色のついた部分の面積を求めましょう。 〔10点〕

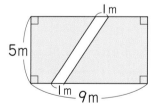
1m
5m
1m　9m

（　　　　　）

5 次の三角形の高さを求めましょう。 〔10点〕

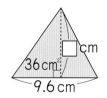
□cm
36cm²
9.6cm

（　　　　　）

□ 台形やひし形の面積が求められたかな？
□ 三角形の高さが求められたかな？

81

① 2つの数量の変わり方と比例
基本のワーク

答え 14ページ

やってみよう

☆ 底辺が 6cm の平行四辺形があります。

底辺はそのままで，高さを変えると，面積はどのように変わるか調べましょう。

3cm
2cm
1cm
6cm

① 高さが 1cm，2cm，…のとき，面積は何 cm² になるかを求めて，表に書きましょう。

高さ(cm)	1	2	3	4	5
面積(cm²)					

② 表から，高さが 2倍，3倍になると面積はどのようになりますか。

とき方 ① 平行四辺形の面積＝底辺×高さ の公式にあてはめて，表に書きましょう。

②

2倍　3倍

高さ(cm)	1	2	3	4	5
面積(cm²)					

□倍　□倍

答え ① 問題の表に記入

答え ② 面積も □ 倍，
□ 倍になる。

たいせつ

2つの数量□と○があって，□が 2倍，3倍，…になると，それにともなって○も 2倍，3倍，…になるとき，「○は□に**比例**する」といいます。

❶ 上の **やってみよう** の問題について答えましょう。

① 高さを□cm，面積を○cm² として，□と○の関係を式に表しましょう。

（　　　　　）

② 高さが 9cm のとき，面積は何 cm² になりますか。

（　　　　　）

③ 面積が 90cm² になるのは，高さが何 cm のときですか。

（　　　　　）

❷ 右の図のように，直方体のたて，横の長さを変えないで，高さを 1cm，2cm，…と変えます。このとき，体積は高さに比例していますか。高さが 1cm，2cm，…のときの体積を求めて下の表に書いて，答えましょう。

高さ(cm)	1	2	3	4	5
体積(cm³)					

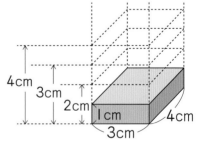

4cm
3cm
2cm
1cm
4cm
3cm

比例しているか（　　　　　）

ポイント 平行四辺形の面積は，高さに比例します。
直方体の体積は，高さに比例します。

まとめのテスト

答え 14ページ

時間 20分

得点 ／100点

1 次の 2 つの量で、○は□に比例していますか。表にあてはまる数を求めて、□と○の関係を式に表して答えましょう。

1つ5〔60点〕

㋐ 20本のえん筆を兄と弟の2人で分けるときの、兄の本数と弟の本数

兄の本数□（本）	1	2	3	4	5
弟の本数○（本）					

式（　　　　　　　）　　　　　比例しているか（　　　　　　　）

㋑ まわりの長さが20cmの長方形のたての長さと横の長さ

たての長さ□（cm）	1	2	3	4	5
横の長さ○（cm）					

式（　　　　　　　）　　　　　比例しているか（　　　　　　　）

㋒ 80円のみかんを買うときの、個数と代金

個数□（個）	1	2	3	4	5
代金○（円）					

式（　　　　　　　）　　　　　比例しているか（　　　　　　　）

㋓ 面積が24cm²の長方形の、たての長さと横の長さ

たての長さ□（cm）	1	2	3	4	5
横の長さ○（cm）					

式（　　　　　　　）　　　　　比例しているか（　　　　　　　）

2 右の図のように、底辺が4cmの三角形があります。

底辺はそのままで、高さを変えると、面積はどのように変わるか調べましょう。 1つ10〔40点〕

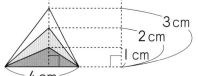
3cm
2cm
1cm
4cm

❶ 高さが 1cm、2cm、…のとき、面積は何cm²になるかを求めて、表に書きましょう。

高さ（cm）	1	2	3	4	5
面積（cm²）	2				

❷ 高さを□cm、面積を○cm²として、□と○の関係を式に表しましょう。

（　　　　　　　　　　　　　）

❸ 三角形の面積は、高さに比例していますか。

（　　　　　　　　　　　　　）

❹ 三角形の面積が30cm²になるのは、高さが何cmのときですか。

（　　　　　　　　　　　　　）

□ 比例しているかどうかが判断できたかな？
□ 比例の関係を式に表せたかな？

① 割合
基本のワーク

答え 15ページ

☆ 2つの班に分かれて輪投げをしたら，右のような結果になりました。それぞれの入った回数は，投げた回数の何倍ですか。

	入った数(回)	投げた数(回)
1班	9	12
2班	7	10

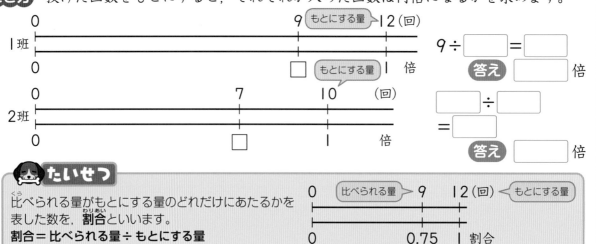

とき方 投げた回数をもとにすると，それぞれが入った回数は何倍になるかを求めます。

$9 ÷ \boxed{} = \boxed{}$

答え $\boxed{}$ 倍

$\boxed{} ÷ \boxed{} = \boxed{}$

答え $\boxed{}$ 倍

たいせつ

比べられる量がもとにする量のどれだけにあたるかを表した数を，**割合**といいます。

割合＝比べられる量÷もとにする量

① ゆたかさんとみさきさんがバスケットボールのシュートの練習をしました。結果は右の表のとおりです。2人の入った回数の割合をそれぞれ求めましょう。

	入った数(回)	投げた数(回)
ゆたか	18	30
みさき	13	20

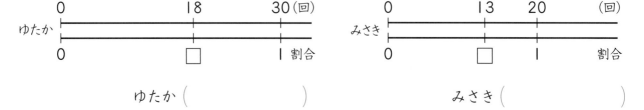

ゆたか（　　　　　）　　　みさき（　　　　　）

② 昨日と今日の図書館の利用者の人数は，右の表のとおりです。

	人数(人)
昨日	63
今日	42
合計	105

❶ 2日間の利用者全体の人数をもとにしたとき，昨日の人数の割合を求めましょう。

（　　　　　）

❷ 今日の人数をもとにしたとき，昨日の人数の割合を求めましょう。

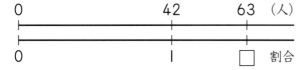

（　　　　　）

ポイント ▶やってみよう では，12回を1とみると，9回は0.75にあたります。12回をもとにすると，9回は0.75の割合です。

② 百分率と歩合
基本のワーク

答え 15ページ

☆ はるとさんは輪投げをしました。16回投げて、12回入りました。入った数は投げた数のどれだけの割合になるかを求めましょう。

とき方

```
0              12    16 (回)
├──────────────┼─────┤
├──────────────┼─────┤
0              □     1 割合
```

$12 \div \boxed{} = \boxed{}$

答え $\boxed{}$

たいせつ

割合を表す 0.01 を 1 パーセントといい、1% と書きます。パーセントで表した割合を、**百分率**といいます。

入った数の割合 0.75 を、百分率で表すと、$\boxed{}$ % になります。

1 小数で表した割合を、百分率で表しましょう。

① 0.09　　　　　② 0.16　　　　　③ 0.5

（　　　　　）　（　　　　　）　（　　　　　）

④ 0.384　　　　⑤ 1　　　　　　⑥ 1.2

（　　　　　）　（　　　　　）　（　　　　　）

2 0.75 を歩合で表しましょう。

（　　　　　）

割合を表す数	1	0.1	0.01	0.001
百分率	100%	10%	1%	0.1%
歩合	10割	1割	1分	1厘

割合の 0.1 を 1割、0.01 を 1分、0.001 を 1厘というよ。このように表した割合を歩合というよ。

3 小数で表した割合は歩合で、歩合で表した割合は小数で表しましょう。

① 0.6　　　　　② 0.215　　　　③ 0.02

（　　　　　）　（　　　　　）　（　　　　　）

④ 4割　　　　　⑤ 5割9分3厘　　⑥ 3分8厘

（　　　　　）　（　　　　　）　（　　　　　）

ポイント 割合は、小数の他にも百分率や歩合で表すことができます。

③ 比べられる量
基本のワーク

答え 15ページ

☆ 右の飲み物は全部で 350 mL です。

この飲み物には，果じゅうが 20 % ふくまれています。

右の飲み物に入っている果じゅうは，何 mL ですか。

とき方 まず，百分率（ひゃくぶんりつ）を小数で表します。

20 % を小数で表すと □ です。

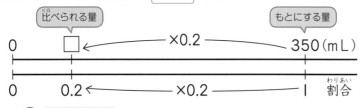

比べられる量　　　　　　　　　　　　もとにする量

0 　□ ←——— ×0.2 ———→ 350（mL）

0 　0.2 ←——— ×0.2 ——— 1 　割合（わりあい）

□ × □ = □

答え □ mL

たいせつ

比べられる量は，次の式で求められます。
比べられる量＝もとにする量×割合

❶ 40 L の 15 % は何 L ですか。

比べられる量　　　　　　　　　　　　　　もとにする量

0 　□ ←——— ×0.15 ———→ 40（L）

0 　0.15 ←——— ×0.15 ——— 1 　割合

（　　　　　）

❷ 50 人の 8 % は何人ですか。

求める量を□として，図にかいて求めましょう。

0（　　　）　　　　　　　　　　　　　　50（人）

0（　　　）　　　　　　　　　　　　1 　割合

（　　　　　）

❸ 300 m² の 120 % は何 m² ですか。

求める量を□として，図にかいて求めましょう。

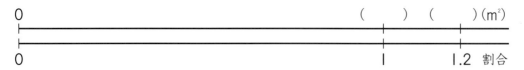

0　　　　　　　　　　　　　　（　　）（　　）(m²)

0　　　　　　　　　　　　　　1 　　1.2 　割合

（　　　　　）

ポイント 数直線を利用しながら，何がもとにする量で，何が比べられる量なのかをしっかりとらえることが大切です。

④ もとにする量
基本のワーク

答え 15ページ

やってみよう

☆ ななみさんの学校で，料理クラブを希望した人は 32 人でした。
これは，定員の 1.6 倍にあたります。
料理クラブの定員は何人ですか。

とき方 定員を□人として求めます。

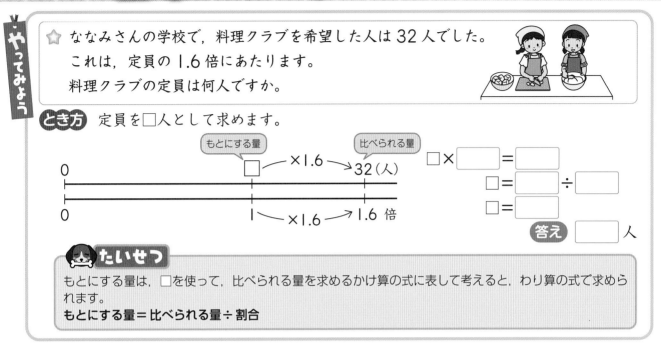

もとにする量　　　　　　　　　比べられる量

0 ──────── □ ─×1.6→ 32(人)

0 ──────── 1 ─×1.6→ 1.6 倍

□×□ = □
□ = □ ÷ □
□ = □

答え □ 人

🐶 **たいせつ**

もとにする量は，□を使って，比べられる量を求めるかけ算の式に表して考えると，わり算の式で求められます。
もとにする量＝比べられる量÷割合

❶ バスに 48 人乗っていました。これは定員の 80% です。
バスの定員は何人ですか。

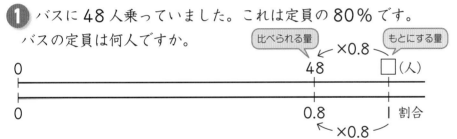

比べられる量　　　　　　もとにする量

0 ──────── 48 ─×0.8→ □(人)

0 ──────── 0.8 ─────── 1 割合
　　　　　　　　　←×0.8→

(　　　　　　　)

❷ セーターを定価の 30% びきで，2800 円で買いました。このセーターの定価はいくらですか。

比べられる量(代金)　もとにする量(定価)

0 ──────── 2800 ──── □(円)
　　　　　　　　　─ 0.3 ─

0 ──────── □ ──── 1 割合

定価を 1 とすると，
代金の割合は， 1 − □ = □
代金は， □×0.7 = 2800
　　　　　 □ = □

答え (　　　　　　　)

❸ はさみを定価の 25% びきで，270 円で買いました。このはさみの定価はいくらですか。

0 ──────── 270 ──── □(円)
　　　　　　　　　─ 0.25 ─

0 ──────── □ ──── 1 割合

(　　　　　　　)

ポイント 割びきされたねだんは，まず，定価をもとにした代金の割合を考えましょう。

まとめのテスト❶

時間 20分

答え 15ページ

得点 ／100点

1 次の割合を（　　　　）の中の表し方で書きましょう。 1つ10〔60点〕

❶ 0.04（百分率）　　　　❷ 0.93（百分率）　　　　❸ 0.23（歩合）

（　　　　　　　）　　（　　　　　　　）　　（　　　　　　　）

❹ 2％（小数）　　　　❺ 34％（小数）　　　　❻ 6割1分2厘（小数）

（　　　　　　　）　　（　　　　　　　）　　（　　　　　　　）

2 よく出る □にあてはまる数を書きましょう。 1つ10〔30点〕

❶

もとにする量

0 　　　　　　　　408 480（円）

0 　　　　　　　　□ 1 割合

408円は480円の □ ％です。

❷

もとにする量

0 　　　　　　□ 9400（円）

0 　　　　0.8 1 割合

9400円の80％は □ 円です。

❸

もとにする量

0 　450 　　　□ （m）

0 　0.3 　　　1 割合

□ mの30％は450mです。

3 □にあてはまる数を書きましょう。 〔10点〕

0 　　　　　720 □（円）

0.2

0 　　　□ 1 割合

□ 円の2割びきは720円です。

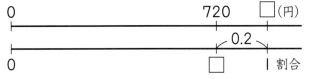

チェック ✔

□ 割合の表し方で，小数，百分率，歩合の関係がわかったかな？
□ 割合が求められたかな？

1 次の割合を（　　　）の中の表し方で書きましょう。　　　　　　　　　　　　1つ10〔60点〕

① 0.816（百分率）　　　② 1.7（百分率）　　　③ 0.562（歩合）

（　　　　　　　）　　　（　　　　　　　）　　　（　　　　　　　）

④ 180％（小数）　　　⑤ 7.5％（小数）　　　⑥ 4割9分（小数）

（　　　　　　　）　　　（　　　　　　　）　　　（　　　　　　　）

2 よく出る □にあてはまる数を書きましょう。　　　　　　　　　　　　　　　　1つ10〔30点〕

① 250kg の □ ％ は 280kg です。

```
0                    250 280(kg)
├─────────────────────┼──┤
0                    1  □  割合
├─────────────────────┼──┤
```

② 450g の 32％ は □ g です。

```
0        □           450 (g)
├────────┼────────────┤
0       0.32          1  割合
├────────┼────────────┤
```

③ □ cm² の 85％ は 357cm² です。

```
0              357  □(cm²)
├───────────────┼──┤
0              0.85 1  割合
├───────────────┼──┤
```

3 □にあてはまる数を書きましょう。　　　　　　　　　　　　　　　　　　　　　〔10点〕

540 円の 25％増しのねだんは □ 円です。

```
0              540   □ (円)
├───────────────┼──┤
            ├0.25┤
0              1   □ 割合
├───────────────┼──┤
```

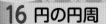

① 円周の長さ
基本のワーク

答え 15ページ

やってみよう

☆ 直径10cmの円の円周の長さを求めましょう。
（ただし，この本では，円周率を3.14とします。）

10cm

円のまわりを円周というよ。

とき方 円周＝ □ ×円周率で求められるから，

直径10cmの円の円周の長さは，

□ ×3.14＝ □ （cm）

答え □ cm

円周 ── 直径

たいせつ

円周の長さは，次の式で求めることができます。
円周＝直径×円周率

❶ 次の円の円周の長さを求めましょう。

① 5cm

② 20cm

（　　　　　　　）　　　　　　　（　　　　　　　）

③ 1cm

④ 3cm

（　　　　　　　）　　　　　　　（　　　　　　　）

⑤ 直径9cmの円　　　　　　⑥ 半径4cmの円

（　　　　　　　）　　　　　　　（　　　　　　　）

ポイント 半径の長さがわかっているときは，2倍して直径の長さを求めてから，円周の長さを求めます。

② 円周と直径，半径
基本のワーク

答え 15ページ

☆ 円周の長さが 157 cm の直径の長さは何 cm ですか。

とき方 直径の長さを□cm として考えます。

□cm

直径 ×　円周率　＝　円周　だから，

□　×　3.14　＝ [　　　]

□　＝ [　　　]　÷ 3.14

□　＝ [　　　]

答え [　　　] cm

たいせつ
円の直径の長さは，円周の長さを円周率でわれば求められます。

1 次の長さを求めましょう。

① 円周が 47.1 cm の円の直径

（　　　　　　　）

② 円周が 78.5 m の円の直径

単位に注意しよう。

（　　　　　　　）

③ 円周が 25.12 cm の円の半径

半径＝直径÷2 だね。

（　　　　　　　）

2 次の長さを四捨五入して，$\frac{1}{10}$ の位までのがい数で求めましょう。

① 円周が 55 cm の円の直径

（　　　　　　　）

② 円周が 42 m の円の直径

（　　　　　　　）

ポイント 直径＝円周÷円周率　で直径を求めることができます。

91

③ 円周の問題
基本のワーク

答え 15ページ

☆ 右の図で，色のついた部分のまわりの長さを求めましょう。

とき方 曲線部分と直線部分に分けて考えます。

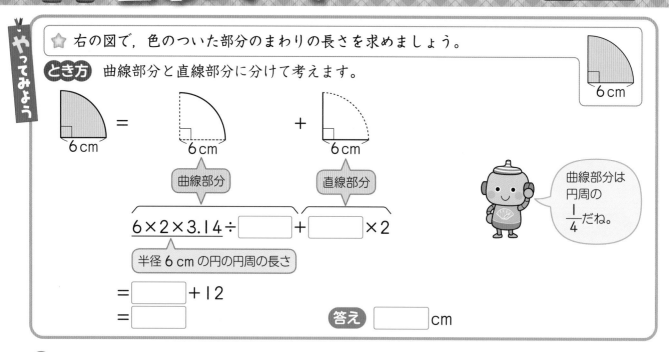

$$6×2×3.14÷\boxed{} + \boxed{}×2$$

半径6cmの円の円周の長さ

$$=\boxed{}+12$$

$$=\boxed{}$$

答え $\boxed{}$ cm

曲線部分は円周の $\dfrac{1}{4}$ だね。

1 次の図で，色のついた部分のまわりの長さを求めましょう。

❶

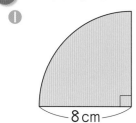

8cm

(　　　　　)

❷

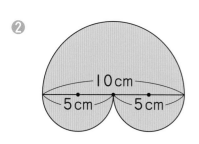

10cm
5cm　5cm

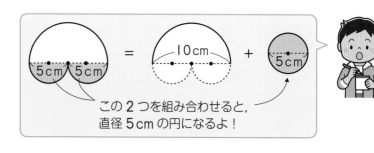

= 10cm + 5cm

この2つを組み合わせると，直径5cmの円になるよ！

(　　　　　)

❸

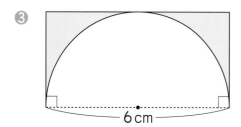

6cm

(　　　　　)

ポイント 曲線部分の長さを考えるときは，円周の何分の一の長さであるかを考えて求めましょう。

まとめのテスト

時間 **20** 分

得点 ／100点

答え 15ページ

1 よく出る 次の円の, 円周の長さを求めましょう。　　　1つ7〔28点〕

① 直径が 13cm の円

② 直径が 4.5m の円

（　　　　　　　　）

（　　　　　　　　）

③ 半径が 8cm の円

④ 半径が 7.5m の円

（　　　　　　　　）

（　　　　　　　　）

2 次の長さを求めましょう。　　　1つ7〔14点〕

① 円周が 21.98cm の円の直径

② 円周が 43.96m の円の半径

（　　　　　　　　）

（　　　　　　　　）

3 次のような形の, まわりの長さを求めましょう。　　　1つ8〔16点〕

① 15cm

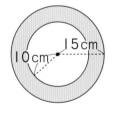

② 4cm

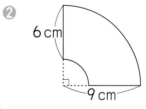

（　　　　　　　　）

（　　　　　　　　）

4 次の図で, 色のついた部分のまわりの長さを求めましょう。　　　1つ7〔42点〕

① 10cm 15cm

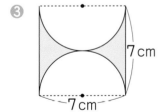

② 6cm 9cm

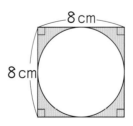

（　　　　　　　　）

（　　　　　　　　）

③ 7cm 7cm

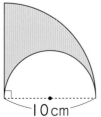

④ 8cm 8cm

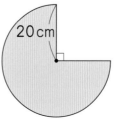

（　　　　　　　　）

（　　　　　　　　）

⑤ 10cm

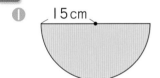

⑥ 20cm

（　　　　　　　　）

（　　　　　　　　）

チェック ✔　□ 円周の長さが求められたかな？
□ まわりの長さが求められたかな？

まとめのテスト❶

時間 **20**分

得点 ／100点

答え 15ページ

1 計算をしましょう。 1つ4〔32点〕

❶
$$\begin{array}{r} 5.2 \\ \times\ 4.1 \end{array}$$

❷
$$\begin{array}{r} 3.43 \\ \times\ \ 2.6 \end{array}$$

❸
$$\begin{array}{r} 2.1 \\ \times\ 0.78 \end{array}$$

❹
$$\begin{array}{r} 5.18 \\ \times\ 4.61 \end{array}$$

❺ 0.4×1.7

❻ 0.3×0.2

❼ 1.2×0.55

❽ 32.5×2.4

2 わり切れるまで計算しましょう。 1つ4〔28点〕

❶ 1.7)88.4

❷ 0.25)55

❸ 4.3)77.4

❹ 9.2)64.4

❺ 5.61÷6.6

❻ 15.95÷7.25

❼ 7.503÷1.22

3 商は $\frac{1}{10}$ の位まで求めて，あまりもだしましょう。 1つ4〔16点〕

❶ 4.8)3.25

❷ 2.15)6.4

❸ 6.51)7.21

❹ 7.8)13.13

4 商を四捨五入して，❶，❷は $\frac{1}{100}$ の位まで，❸は上から2けたのがい数で求めましょう。 1つ4〔12点〕

❶ 6.2÷2.8

❷ 7.74÷3.3

❸ 3.048÷1.9

5 計算をしましょう。 1つ4〔12点〕

❶ 8.2×4.5−6.2×4.5

❷ 2.5×6.21×4

❸ 4.8÷1.6×0.3

チェック ✓ □ 小数のかけ算ができたかな？
□ 小数のわり算ができたかな？

まとめのテスト②

答え 16ページ

時間 20分

得点 /100点

1 （　　）の中の 2 つまたは 3 つの数の，最小公倍数と最大公約数を求めましょう。1つ3〔18点〕

❶ （8, 12）

❷ （24, 36）

❸ （6, 15, 21）

最小公倍数 （　　　）　　最小公倍数 （　　　）　　最小公倍数 （　　　）

最大公約数 （　　　）　　最大公約数 （　　　）　　最大公約数 （　　　）

2 計算をしましょう。 1つ4〔16点〕

❶ $\dfrac{2}{3}+\dfrac{7}{12}$

❷ $\dfrac{5}{6}-\dfrac{3}{10}$

❸ $\dfrac{7}{8}+\dfrac{2}{3}-\dfrac{5}{12}$

❹ $\dfrac{5}{4}-\dfrac{7}{12}+\dfrac{2}{15}$

3 計算をしましょう。 1つ4〔16点〕

❶ $1\dfrac{4}{7}+\dfrac{1}{4}$

❷ $3\dfrac{1}{6}-1\dfrac{7}{10}$

❸ $3\dfrac{3}{5}-2\dfrac{1}{4}+\dfrac{5}{12}$

❹ $4\dfrac{2}{3}-1\dfrac{5}{6}-1\dfrac{3}{10}$

4 次の数を，小さい順にならべましょう。 1つ4〔12点〕

❶ $2.5, \dfrac{12}{5}$

❷ $\dfrac{1}{3}, \dfrac{3}{10}, 0.31$

❸ $1.9, \dfrac{17}{9}, \dfrac{21}{11}$

5 計算をしましょう。 1つ5〔20点〕

❶ $0.7+\dfrac{1}{4}$

❷ $\dfrac{9}{14}-0.3$

❸ $\dfrac{1}{12}+1.25$

❹ $2.7-2\dfrac{1}{6}$

6 次の数量の平均を求めましょう。 1つ6〔12点〕

❶ 18g, 12g, 7g, 23g, 0g, 15g, 9g

❷ 87点, 91点, 82点, 90点, 96点, 100点, 91点

（　　　　　　　）　　　　　　　（　　　　　　　）

7 面積が284km²，人口が66万人のＡ市の人口密度を，四捨五入して上から2けたのがい数で求めましょう。 〔6点〕

（　　　　　　　）

☐ 最小公倍数，最大公約数が求められたかな？

☐ 分数のたし算，ひき算や，分数と小数のたし算，ひき算ができたかな？

まとめのテスト❸

時間 **20** 分

得点 /100点

答え **16ページ**

1 次のような形の立体の体積を求めましょう。 1つ6〔12点〕

❶ 7cm 10cm 10cm 20cm 27cm 20cm

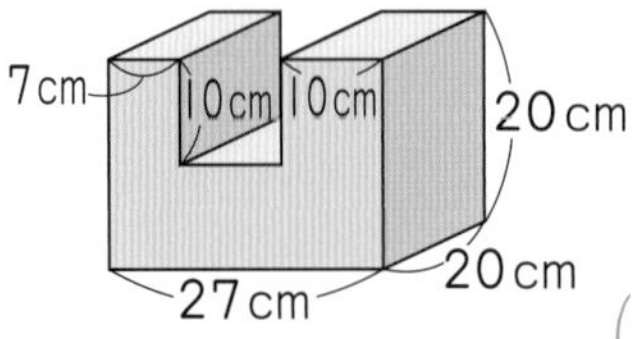

( )

❷ 4cm 4cm 4cm 4cm 4cm 12cm 4cm 12cm

( )

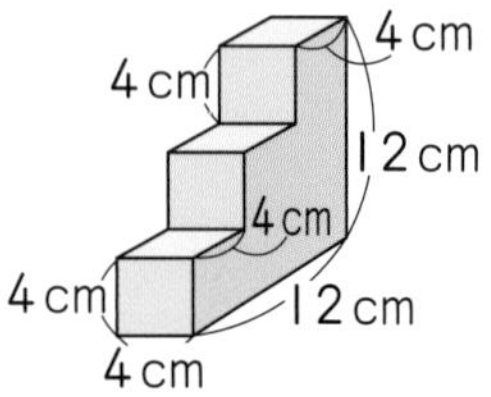

2 □にあてはまる数を書きましょう。 1つ6〔36点〕

❶ 2500000 cm³ = □ m³

❷ 3.5 m³ = □ L

❸ 65 億人の 40 %は □ 億人です。

❹ 3.6 kg の 9 割 5 分は □ kg です。

❺ 500 円の 25 %びきは □ 円です。

❻ □ kg の 3 割増しは 5.2 kg です。

3 あ～えの角度は何度ですか。計算で求めましょう。 1つ3〔12点〕

❶ 80° 60° い 80° 70° あ

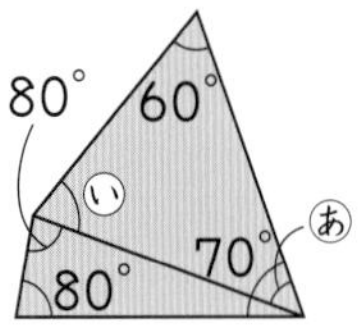

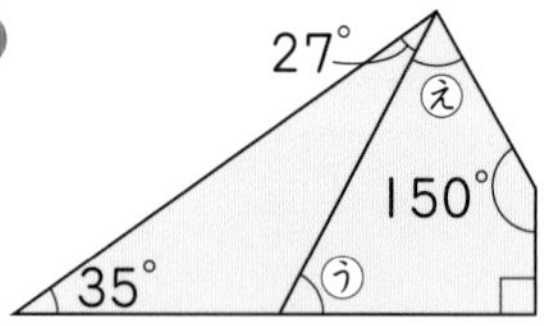

あ ( )

い ( )

❷ 27° え 150° 35° う

う ( )

え ( )

4 次の速さ，道のり，時間を，〔 〕の中の単位で求めましょう。 1つ4〔16点〕

❶ 40 km を 2.5 時間で走る人の時速〔km〕

( )

❷ 時速 82 km の列車が 1.5 時間に進む道のり〔km〕

( )

❸ 秒速 12 m の船が 450 m 進むのにかかる時間〔秒〕

( )

❹ 分速 360 m の自転車が 45 秒間に進む道のり〔m〕

( )

5 次の図で，色のついた部分の面積を求めましょう。 1つ6〔12点〕

❶ 8 cm 32 cm 37 cm

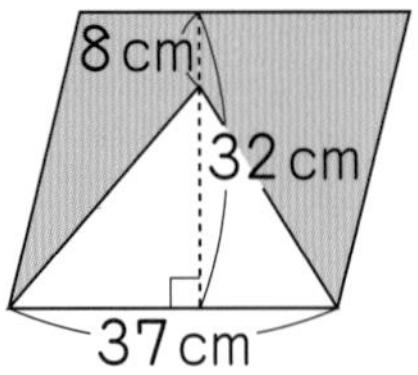

( )

❷ 3 cm 6 cm 24 cm 6 cm 36 cm 3 cm

( )

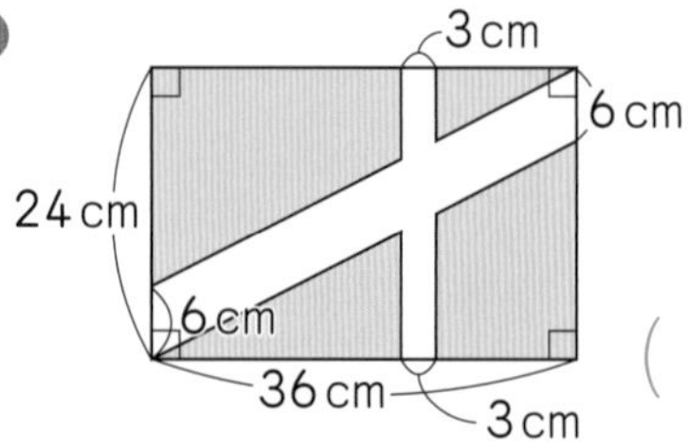

6 次の図で，色のついた部分のまわりの長さを求めましょう。 1つ6〔12点〕

❶ 8 cm 12 cm

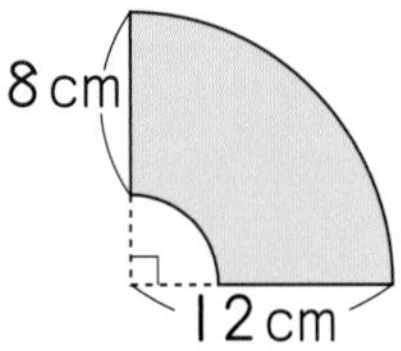

( )

❷ 5 cm 5 cm

( )

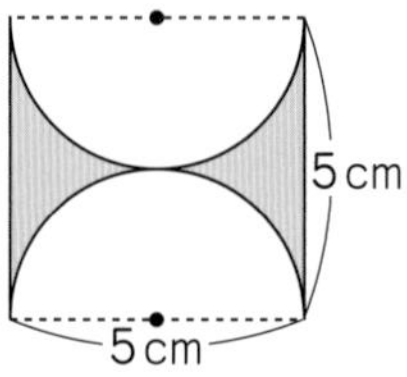

チェック☑

□ 体積や面積が求められたかな？
□ 角度やまわりの長さが求められたかな？

教科書ワーク
答えとてびき

「答えとてびき」は，とりはずすことができます。

全教科書対応

数と計算 **5**年

使い方

まちがえた問題は，もういちどよく読んで，なぜまちがえたのかを考えましょう。正しい答えを知るだけでなく，なぜそうなるかを考えることが大切です。

---

1 整数と小数

2ページ 基本のワーク

☆ ❶ 一， $\dfrac{1}{100}$， $\dfrac{1}{1000}$　　　答え 5, 1, 4, 2, 3
　❷ 右, 2, 3　　答え 478.6, 4786, 47860
　❸ 左, 2, 3
　　　　　　　答え 2.917, 0.2917, 0.02917
❶ ❶ 3, 1, 5, 8
　❷ 7, 0, 2, 4, 0, 6
❷ 104.085
❸ ❶ 10倍　❷ 1000倍
　❸ $\dfrac{1}{10}$　❹ $\dfrac{1}{100}$
❹ ❶ 865　❷ 27400　❸ 0.039
　❹ 0.9507
❺ ❶ 12.357　❷ 75.321　❸ 31.257

3ページ まとめのテスト

1 ❶ 1, 5, 4, 2, 6
　❷ 7, 9, 0, 8, 3
2 49.106
3 ❶ 10倍　❷ 1000倍　❸ 100倍
　❹ $\dfrac{1}{100}$　❺ $\dfrac{1}{10}$　❻ $\dfrac{1}{1000}$
4 $\dfrac{1}{10}$…0.52m, $\dfrac{1}{100}$…0.052m
5 ❶ 62.5　❷ 1704　❸ 83900
　❹ 7.03　❺ 0.096　❻ 0.02405
6 ❶ 14.689　❷ 98.641　❸ 61.489

---

2 体 積

4ページ 基本のワーク

☆ ❶ 24　　　　　　　　　　答え 24
　❷ 27　　　　　　　　　　答え 27
❶ ❶ 7cm³　❷ 10cm³　❸ 8cm³
❷ ❶ 1cm³　❷ 1cm³　❸ 2cm³

5ページ 基本のワーク

☆ 3, 6, 5, 3, 6, 5, 90, 90
　　　　　　　　　　　　　答え 90
❶ ❶ 480cm³　❷ 120cm³
　❸ 216cm³　❹ 729cm³
❷ 70cm³

6ページ 基本のワーク

☆ 2, 7, 3, 42, 42　　　　答え 42
❶ 1000000
❷ ❶ 36　　　　　　❷ 125
　　36000000　　　125000000
❸ 3, 1, 4.5　　　　　　　答え 4.5
❹ ❶ 5.6m³　❷ 1.6m³

> **てびき**
> ❶ 1辺が 1m＝100cm の立方体の体積は，cm³ で表すと，
> 100×100×100＝1000000 より，
> 1000000cm³
> m³ で表すと，1m³
> だから，1m³＝1000000cm³
> ❹ ❷ 80cm＝0.8m だから，
> 0.8×1×2＝1.6(m³)

7ページ 基本のワーク

☆ 10, 10, 10, 1000 　　　　答え 1000

❶ 10, 10, 10, 1000 　　　　答え 1000

❷ ❶ 3000 　❷ 800 　❸ 5000

❸ 60000（cm³）
　 60（L）

8ページ 基本のワーク

☆ 《1》 5, 2, 288
　 《2》 12, 3, 288 　　　　答え 288

❶ ❶ 504cm³ 　❷ 120m³
　 ❸ 1190cm³ 　❹ 180m³

てびき

❶ ❶ 考え方1　たてに切って, 2つ
の直方体に分けて考えます。

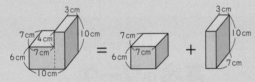

7×7×6+7×3×10=504（cm³）

考え方2　大きな直方体から小さな直方体をひ
いて考えます。

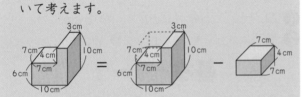

7×10×10−7×7×4=504（cm³）

❷ 8×8×2−2×2×2=120（m³）

❸ 10×18×8−10×5×5=1190（cm³）

❹ 5×2×3+5×10×3=180（m³）

9ページ まとめのテスト

1 ❶ 343cm³ 　❷ 56m³
　 ❸ 81cm³ 　❹ 0.9m³

2 105cm³

3 6000（cm³）, 6（L）

4 ❶ 36m³ 　❷ 175cm³

たしかめよう!

直方体の体積＝たて×横×高さ
立方体の体積＝1辺×1辺×1辺
1L＝1000cm³
1mL＝1cm³

3 小数のかけ算

10ページ 基本のワーク

☆ 243 ➡ 162, 1863 ➡ 186.3
　　　　　　　　　　答え 186.3

❶
❶ 0.8
× 18
 64
 8
14.4

❷ 32.4
× 5
162.0

❸ 6.78
× 42
 1356
 2712
284.76

❷
❶ 0.6
× 5
3.0

❷ 4.3
× 9
38.7

❸ 7.2
× 5
36.0

❹ 29.6
× 4
118.4

❺ 0.7
× 19
 63
 7
13.3

❻ 3.6
× 27
 252
 72
97.2

❼ 8.5
× 44
 340
 340
374.0

❽ 5.7
× 30
171.0

❾ 23.7
× 32
 474
 711
758.4

❿ 0.46
× 53
 138
 230
24.38

⓫ 8.43
× 29
 7587
 1686
244.47

⓬ 4.72
× 35
 2360
 1416
165.20

❸ ❶ 296.8 　❷ 126 　❸ 208.76

11ページ 基本のワーク

☆ 192 ➡ 128, 1472 ➡ 14.72
　　　　　　　　　　答え 14.72

❶ 100, 100, 0.91

❷
❶ 9
× 4.3
 27
 36
38.7

❷ 40
× 5.7
 280
 200
228.0

❸ 15
× 0.8
12.0

❹ 12
× 2.4
 48
 24
28.8

❺ 214
× 7.5
 1070
 1498
1605.0

❻ 43
× 0.17
 301
 43
7.31

❼ 76
× 0.54
 304
 380
41.04

❽ 385
× 0.42
 770
 1540
161.70

❸ ❶ 74.2 　❷ 119 　❸ 466.2 　❹ 4.9
　 ❺ 90.8 　❻ 85.12

❹ ㋐, ㋒

たしかめよう!

1より小さい数をかけると, 積はかけられる数より小
さくなります。

12ページ 基本のワーク

☆ 296 ➡ 185, 2146 ➡ 21.46
　　　　　　　　　　答え 21.46

❶ 100, 100, 30.15

❷
❶ 3.2
× 0.4
1.28

❷ 0.3
× 9.5
 15
 27
2.85

❸ 1.2
× 4.8
 96
 48
5.76

❹ 5.1
× 3.7
 357
 153
18.87

⑤ 6.9
× 0.8
5.52
1.68

⑥ 0.6
× 2.8
48
12
1.68

⑦ 3.6
× 2.3
108
72
8.28

⑧ 7.4
× 8.9
666
592
65.86

⑨ 12.1
× 0.5
6.05

⑩ 45.8
× 0.9
41.22

⑪ 39.2
× 2.3
1176
784
90.16

⑫ 57.5
× 8.1
575
4600
465.75

❸ ① 3.15 ② 11.07 ③ 138.88

❹ ④

☆ ① 10, 5, 60 → 0　答え 0.6
② 8 → 0.0　答え 0.08

❶ ① 0.8
× 9.5
40
72
7.60

② 32.4
× 1.5
1620
324
48.60

③ 2.3
× 0.4
0.92

④ 0.8
× 0.7
0.56

⑤ 8.5
× 0.4
3.40

⑥ 1.6
× 1.5
80
16
2.40

⑦ 4.5
× 6.8
360
270
30.60

⑧ 60.5
× 4.2
1210
2420
254.10

⑨ 0.6
× 1.2
12
6
0.72

⑩ 0.2
× 0.3
0.06

⑪ 0.6
× 0.5
0.30

⑫ 2.5
× 2.4
100
50
6.00

❷ ① 0.84 ② 33.3 ③ 36

てびき　積が1より小さくなるとき，小数点をうつ位置に気をつけましょう。

☆ 1644 → 4932, 50964
→ 5.0964　答え 5.0964

❶ ① 0.81
× 1.5
405
81
1.215

② 9.6
× 0.33
288
288
3.168

③ 72.3
× 0.06
4.338

④ 7.25
× 7.5
3625
5075
54.375

⑤ 43.7
× 0.56
2622
2185
24.472

⑥ 2.57
× 26.8
2056
1542
514
68.876

⑦ 8.21
× 0.37
5747
2463
3.0377

⑧ 0.59
× 4.12
118
59
236
2.4308

⑨ 3.26
× 7.98
2608
2934
2282
26.0148

❷ ① 0.12
× 0.8
0.096

② 72.5
× 0.04
2.900

③ 0.45
× 0.37
315
135
0.1665

④ 0.48
× 0.95
240
432
0.4560

⑤ 0.08
× 0.75
40
56
0.0600

☆ ① 2.5, 10, 53　答え 53
② 5.4, 10, 37　答え 37

❶ ① 4, 0.5, 2, 7.4 ② 2.3, 1.7, 4, 6
③ 0.2, 0.2, 0.64, 31.36

❷ ① 46 ② 9.9 ③ 7.3 ④ 126

❸ ① 2.8 ② 49 ③ 14 ④ 223.1

👆 たしかめよう！

■×●＝●×■
(■×●)×▲＝■×(●×▲)
(■＋●)×▲＝■×▲＋●×▲
(■－●)×▲＝■×▲－●×▲

❶ ① 10, 10, 3.6 ② 100, 100, 2.24

❷ ① 0.18
× 9
1.62

② 5.5
× 24
220
110
132.0

③ 42
× 0.7
29.4

④ 30
× 6.8
240
180
204.0

⑤ 0.8
× 4.3
24
32
3.44

⑥ 3.2
× 5.1
32
160
16.32

⑦ 21.5
× 3.3
645
645
70.95

⑧ 0.3
× 2.9
27
6
0.87

⑨ 0.1
× 0.9
0.09

⑩ 0.46
× 2.7
322
92
1.242

⑪ 5.36
× 0.24
2144
1072
1.2864

⑫ 4.5
× 0.22
90
90
0.990

❸ ⑦, ㋓

❹ ① 17 ② 5

❶ ① 289 ② 28.9 ③ 0.289

❷ ① 0.7
× 54
28
35
37.8

② 1.8
× 25
90
36
45.0

③ 28
× 5.3
84
140
148.4

④ 124
× 0.32
248
372
39.68

⑤ 40
× 0.24
160
80
9.60

⑥ 5.7
× 0.3
1.71

3

⑦ $\begin{array}{r} 1.6 \\ \times 3.6 \\ \hline 9\ 6 \\ 4\ 8\ \\ \hline 5.7\ 6 \end{array}$ **⑧** $\begin{array}{r} 2.5 \\ \times 7.2 \\ \hline 5\ 0 \\ 1\ 7\ 5\ \\ \hline 1\ 8.0\ 0 \end{array}$ **⑨** $\begin{array}{r} 0.8 \\ \times 0.5 \\ \hline 0.4\ 0 \end{array}$

⑩ $\begin{array}{r} 0.15 \\ \times\ \ 0.6 \\ \hline 0.0\ 9\ 0 \end{array}$ **⑪** $\begin{array}{r} 4\ 2.3 \\ \times\ 0.5\ 5 \\ \hline 2\ 1\ 1\ 5 \\ 2\ 1\ 1\ 5\ \\ \hline 2\ 3.2\ 6\ 5 \end{array}$ **⑫** $\begin{array}{r} 2.45 \\ \times 3.14 \\ \hline 9\ 8\ 0 \\ 2\ 4\ 5\ \\ 7\ 3\ 5\ \ \\ \hline 7.6\ 9\ 3\ 0 \end{array}$

3 **❶** 0.14 **❷** 0.09 **❸** 210
4 **❶** 8×1.1 **❷** 4.5×1.02
5 **❶** 166 **❷** 21

4 小数のわり算(1)

☆ **❶** $\begin{array}{r} 0. \\ 8\overline{)5.6} \end{array}$ ➡ $\begin{array}{r} 0.7 \\ 8\overline{)5.6} \\ \underline{5\ 6} \\ 0 \end{array}$ **❷** $\begin{array}{r} 0.35 \\ 6\overline{)2.1\ 0} \\ \underline{1\ 8}\ \ \\ 3\ 0 \\ \underline{3\ 0} \\ 0 \end{array}$

答え 0.7　　　答え 0.35

❶ **①** $\begin{array}{r} 1.2 \\ 6\overline{)7.2} \\ \underline{6}\ \ \\ 1\ 2 \\ \underline{1\ 2} \\ 0 \end{array}$ **②** $\begin{array}{r} 12.7 \\ 4\overline{)50.8} \\ \underline{4}\ \ \ \ \\ 1\ 0\ \ \\ \underline{8}\ \ \\ 2\ 8 \\ \underline{2\ 8} \\ 0 \end{array}$ **③** $\begin{array}{r} 4.8 \\ 3\overline{)14.4} \\ \underline{1\ 2}\ \ \\ 2\ 4 \\ \underline{2\ 4} \\ 0 \end{array}$

④ $\begin{array}{r} 0.9 \\ 9\overline{)8.1} \\ \underline{8\ 1} \\ 0 \end{array}$ **⑤** $\begin{array}{r} 3.2 \\ 28\overline{)89.6} \\ \underline{8\ 4}\ \ \\ 5\ 6 \\ \underline{5\ 6} \\ 0 \end{array}$ **⑥** $\begin{array}{r} 0.7 \\ 42\overline{)29.4} \\ \underline{2\ 9\ 4} \\ 0 \end{array}$

⑦ $\begin{array}{r} 2.04 \\ 6\overline{)12.24} \\ \underline{1\ 2}\ \ \ \ \\ 2\ 4 \\ \underline{2\ 4} \\ 0 \end{array}$ **⑧** $\begin{array}{r} 0.18 \\ 17\overline{)3.06} \\ \underline{1\ 7}\ \ \\ 1\ 3\ 6 \\ \underline{1\ 3\ 6} \\ 0 \end{array}$ **⑨** $\begin{array}{r} 0.05 \\ 9\overline{)0.45} \\ \underline{4\ 5} \\ 0 \end{array}$

❷ **①** $\begin{array}{r} 3.5 \\ 8\overline{)28} \\ \underline{2\ 4}\ \\ 4\ 0 \\ \underline{4\ 0} \\ 0 \end{array}$ **②** $\begin{array}{r} 2.75 \\ 4\overline{)11} \\ \underline{8}\ \ \\ 3\ 0 \\ \underline{2\ 8} \\ 2\ 0 \\ \underline{2\ 0} \\ 0 \end{array}$ **③** $\begin{array}{r} 0.75 \\ 28\overline{)21.0} \\ \underline{1\ 9\ 6}\ \\ 1\ 4\ 0 \\ \underline{1\ 4\ 0} \\ 0 \end{array}$

④ $\begin{array}{r} 1.74 \\ 5\overline{)8.7} \\ \underline{5}\ \ \\ 3\ 7 \\ \underline{3\ 5} \\ 2\ 0 \\ \underline{2\ 0} \\ 0 \end{array}$ **⑤** $\begin{array}{r} 2.15 \\ 24\overline{)51.6} \\ \underline{4\ 8}\ \ \\ 3\ 6 \\ \underline{2\ 4} \\ 1\ 2\ 0 \\ \underline{1\ 2\ 0} \\ 0 \end{array}$ **⑥** $\begin{array}{r} 0.725 \\ 16\overline{)11.6} \\ \underline{1\ 1\ 2}\ \\ 4\ 0 \\ \underline{3\ 2} \\ 8\ 0 \\ \underline{8\ 0} \\ 0 \end{array}$

☆ 10, 10, 4000, 160　　　答え 160
❶ **①** 4800, 400
　 ② 60, 4
　 ③ 270, 90
　 ④ 720, 120
❷ **①** 6　 **②** 4　 **③** 40　 **④** 30　 **⑤** 130
　 ⑥ 120

☆ **①** 3, 48, 0, 1, 1　　　答え 3
　 ② 7, 2, 112, 0　　　答え 1.7

❶ **①** $\begin{array}{r} 4 \\ 1.3\overline{)5.2} \\ \underline{5\ 2} \\ 0 \end{array}$ **②** $\begin{array}{r} 6 \\ 5.2\overline{)31.2} \\ \underline{3\ 1\ 2} \\ 0 \end{array}$ **③** $\begin{array}{r} 31 \\ 1.5\overline{)46.5} \\ \underline{4\ 5}\ \ \\ 1\ 5 \\ \underline{1\ 5} \\ 0 \end{array}$

④ $\begin{array}{r} 9 \\ 7.2\overline{)64.8} \\ \underline{6\ 4\ 8} \\ 0 \end{array}$ **⑤** $\begin{array}{r} 21 \\ 3.3\overline{)69.3} \\ \underline{6\ 6}\ \ \\ 3\ 3 \\ \underline{3\ 3} \\ 0 \end{array}$ **⑥** $\begin{array}{r} 2.1 \\ 3.6\overline{)7.5.6} \\ \underline{7\ 2}\ \ \\ 3\ 6 \\ \underline{3\ 6} \\ 0 \end{array}$

⑦ $\begin{array}{r} 3.1 \\ 2.8\overline{)8.6.8} \\ \underline{8\ 4}\ \ \\ 2\ 8 \\ \underline{2\ 8} \\ 0 \end{array}$ **⑧** $\begin{array}{r} 6.7 \\ 5.3\overline{)35.5.1} \\ \underline{3\ 1\ 8}\ \ \\ 3\ 7\ 1 \\ \underline{3\ 7\ 1} \\ 0 \end{array}$ **⑨** $\begin{array}{r} 3.8 \\ 2.7\overline{)10.2.6} \\ \underline{8\ 1}\ \ \\ 2\ 1\ 6 \\ \underline{2\ 1\ 6} \\ 0 \end{array}$

☆ **①** 0.7, 252, 0　　　答え 0.7
　 ② 5, 0, 170, 0　　　答え 2.5

❶ **①** $\begin{array}{r} 0.4 \\ 4.8\overline{)1.9.2} \\ \underline{1\ 9\ 2} \\ 0 \end{array}$ **②** $\begin{array}{r} 0.8 \\ 3.2\overline{)2.5.6} \\ \underline{2\ 5\ 6} \\ 0 \end{array}$ **③** $\begin{array}{r} 0.9 \\ 4.2\overline{)3.7.8} \\ \underline{3\ 7\ 8} \\ 0 \end{array}$

④ $\begin{array}{r} 2.6 \\ 3.5\overline{)9.1} \\ \underline{7\ 0}\ \ \\ 2\ 1\ 0 \\ \underline{2\ 1\ 0} \\ 0 \end{array}$ **⑤** $\begin{array}{r} 2.2 \\ 4.5\overline{)9.9} \\ \underline{9\ 0}\ \ \\ 9\ 0 \\ \underline{9\ 0} \\ 0 \end{array}$ **⑥** $\begin{array}{r} 5.5 \\ 3.4\overline{)18.7} \\ \underline{1\ 7\ 0}\ \ \\ 1\ 7\ 0 \\ \underline{1\ 7\ 0} \\ 0 \end{array}$

⑦ $\begin{array}{r} 0.75 \\ 2.4\overline{)1.8.0} \\ \underline{1\ 6\ 8}\ \ \\ 1\ 2\ 0 \\ \underline{1\ 2\ 0} \\ 0 \end{array}$ **⑧** $\begin{array}{r} 0.84 \\ 1.5\overline{)1.2.6} \\ \underline{1\ 2\ 0}\ \ \\ 6\ 0 \\ \underline{6\ 0} \\ 0 \end{array}$ **⑨** $\begin{array}{r} 0.125 \\ 8.4\overline{)1.0.5} \\ \underline{8\ 4}\ \ \ \ \\ 2\ 1\ 0 \\ \underline{1\ 6\ 8}\ \\ 4\ 2\ 0 \\ \underline{4\ 2\ 0} \\ 0 \end{array}$

☆ **①** 2.4, 0, 50, 100, 100, 0
　　　　　　　　　答え 2.4
　 ② 2, 2　　　　答え 3.5

①

①
```
      2.5
3,2)8,0
    64
    160
    160
      0
```

②
```
        6.25
4,8)30,0
    288
      120
       96
      240
      240
        0
```

③
```
      3.75
2,4)9,0
    72
    180
    168
     120
     120
       0
```

④
```
        5.6
7,5)42,0
    375
     450
     450
       0
```

⑤
```
      9.6
2,5)24,0
    225
     150
     150
       0
```

⑥
```
      22.5
2,4)54,0
    48
     60
     48
     120
     120
       0
```

⑦
```
        1.5
3,12)4,68
     312
     1560
     1560
        0
```

⑧
```
        0.5
3,14)1,57.0
     1570
        0
```

⑨
```
        30
1,58)47,40
    474
      0
```

23 ページ **基本のワーク**

☆ **①** 赤いリボン…360, 1.8, 200　　　答え 200
　　青いリボン…360, 0.9, 400　　　答え 400

　② 答え 青

① ㋐, ㋑

②
①
```
      65
0,3)19,5
    18
    15
    15
     0
```

②
```
      4.5
0,7)3,1.5
    28
    35
    35
     0
```

③
```
      13.5
0,4)5,4
    4
    14
    12
     20
     20
      0
```

④
```
      4.75
0,8)3,8
    32
    60
    56
     40
     40
      0
```

24 ページ **まとめのテスト①**

1 **①** 10, 10, 40, 8, 5
　② 10, 10, 96, 12, 8

2 **①**
```
     2.4
3)7.2
   6
   12
   12
    0
```

②
```
      19
0,8)15,2
    72
    72
     0
```

③
```
      24
1,2)28,8
    24
    48
    48
     0
```

④
```
      0.7
3,5)2,4.5
    245
      0
```

⑤ 15　**⑥** 4　**⑦** 45　**⑧** 2.5

3 **①**
```
     2.5
6)15
   12
   30
   30
    0
```

②
```
      9.4
0,5)4,7
    45
    20
    20
     0
```

③
```
       5.6
0,25)1,40
     125
     150
     150
       0
```

④
```
       1.8
1,25)2,25
     125
     1000
     1000
        0
```

⑤ 7.5　**⑥** 0.5　**⑦** 1.25　**⑧** 34.275

4 ㋐, ㋑, ㋨

25 ページ **まとめのテスト②**

1 **①** 3400　**②** 340　**③** 3.4

2 **①**
```
       2.3
16)36.8
   32
    48
    48
     0
```

②
```
      25
3,5)87,5
    70
    175
    175
      0
```

③
```
      16
0,45)7,20
     45
     270
     270
       0
```

④
```
       0.07
4,2)0,2.94
     294
       0
```

⑤ 150　**⑥** 8　**⑦** 3.6　**⑧** 1.8

3 **①** 0.535　**②** 27.5　**③** 0.25　**④** 2.8
　⑤ 0.775　**⑥** 4.2　**⑦** 2.05

4 最も大きくなるもの…㋨
　　最も小さくなるもの…㋐

5 小数のわり算(2)

26 ページ **基本のワーク**

☆ 1.6, 1.6　　　　　　　　答え 12, 1.6
検算…1.6, 85.6

① **①**
```
    16
4)67.4
  4
  27
  24
  3.4
```
4×16+3.4=67.4

②
```
     3
18)62.2
   54
   8.2
```
18×3+8.2=62.2

② **①**
```
    7
8)57.2
  56
  1.2
```

②
```
    15
3)46.7
  3
  16
  15
  1.7
```

③
```
    8
6)51.1
  48
  3.1
```

④
```
     3
12)38.2
   36
   2.2
```

⑤
```
     4
13)52.5
   52
   0.5
```

⑥
```
     3
26)78.9
   78
   0.9
```

5

基本のワーク

☆ 0.5, 0.5　　　　　　　　　　　　答え 3, 0.5

検算…0.5, 2.6

❶ ❶
```
        8
0.6)5.3
    48
    0.5
```
❷
```
      24
3.7)89.4
    74
    154
    148
     0.6
```

0.6×8+0.5=5.3　　　3.7×24+0.6=89.4

❷ ❶
```
       3
2.1)7.5
    63
    1.2
```
❷
```
       3
4.8)16.0
    144
     1.6
```
❸
```
       8
3.8)32.5
    304
     2.1
```
❹
```
       2
7.4)18.9
    148
     4.1
```
❺
```
       5
6.7)38.0
    335
     4.5
```
❻
```
       2
1.8)4.4.6
    36
    0.86
```

基本のワーク

☆ 0.04, 0.04　　　　　　　　　　答え 1.2, 0.04

検算…0.04, 3.28

❶ ❶
```
      3.6
0.9)3.2.7
    27
    57
    54
    0.03
```
❷
```
      1.8
4.2)7.5.9
    42
    339
    336
    0.03
```
❸
```
      0.5
0.7)0.4.1
    35
    0.06
```
❹
```
       1.3
0.26)0.35
     26
     90
     78
     0.012
```
❺
```
       3.1
7.6)23.6.2
    228
     82
     76
     0.06
```
❻
```
      24.6
0.3)7.4
    6
    14
    12
    20
    18
    0.02
```
❼
```
      31.7
1.5)47.6
    45
    26
    15
    110
    105
    0.05
```
❽
```
      0.7
9.3)6.6.0
    651
    0.09
```
❾
```
        0.4
0.74)0.32.0
     296
     0.024
```

基本のワーク

☆ 7, 7　　　　　　　　　　　　　答え 1.7

❶ ❶
```
      2.28
0.7)1.6
    14
    20
    14
    60
    56
    4
```
❷
```
      4.77
0.9)4.3
    36
    70
    63
    70
    63
    7
```
❸
```
      5.56
2.3)12.8
    115
    130
    115
    150
    138
    12
```
❹
```
      0.83
4.2)3.5.0
    336
    140
    126
    14
```
❺
```
      6.54
1.1)7.2
    66
    60
    55
    50
    44
    6
```
❻
```
      5.81
1.6)9.3
    80
    130
    128
    20
    16
    4
```
❼
```
       23.83
0.6)14.3
    12
    23
    18
    50
    48
    20
    18
    2
```
❽
```
        4
       1.37
8.7)12.0
    87
    330
    261
    690
    609
    81
```
❾
```
       2.62
2.4)6.3
    48
    150
    144
    60
    48
    12
```

基本のワーク

☆ 8　　　　　　　　　　　　　　答え 0.68

❶ ❶
```
       2
      7.16
0.6)4.3
    42
    10
    6
    40
    36
    4
```
❷
```
      27.3
0.3)8.2
    6
    22
    21
    10
    9
    1
```
❸
```
      2.71
1.4)3.8
    28
    100
    98
    20
    14
    6
```
❹
```
         9
      0.388
1.8)0.7.0
    54
    160
    144
    160
    144
    16
```
❺
```
      0.631
4.5)2.8.4
    270
    140
    135
    50
    45
    5
```
❻
```
         9
      4.85
1.4)6.8
    56
    120
    112
    80
    70
    10
```
❼
```
      5.34
4.7)25.1
    235
    160
    141
    190
    188
    2
```
❽
```
         3
       82.8
0.42)34.8.0
     336
     120
     84
     360
     336
     24
```
❾
```
      0.583
3.7)2.1.6
    185
    310
    296
    140
    111
    29
```

基本のワーク

☆ ❶ 2.4, 62.5　　　　　　　　　答え 62.5

❷ 3.6, 0.5　　　　　　　　　　答え 0.5

❸ 0.8, 240　　　　　　　　　　答え 240

❶ ❶ 150　　❷ 23　　❸ 18

❹ 3.6　　❺ 180　　❻ 22.62

❷ ❶ 180　　❷ 2.4　　❸ 910

❹ 34　　❺ 1.4　　❻ 24.2

32ページ まとめのテスト①

1
① 7)23.4 → 3, 21, 2.4
② 11)42.3 → 3.8, 33, 93, 88, 0.5
③ 0.9)4.8 → 5, 45, 0.3
④ 3.6)8.4.5 → 2.3, 72, 125, 108, 0.17
⑤ 1.2)4.7 → 3.9, 36, 110, 108, 0.02
⑥ 17)8.0 → 0.47, 68, 120, 119, 0.01

2
① 6)8.3 → 1.38, 6, 23, 18, 50, 48, 2
② 11)5.0 → 0.45, 44, 60, 55, 5
③ 2.8)4.6 → 1.642, 28, 180, 168, 120, 112, 80, 56, 24

3
① 8)43 → 5.3, 40, 30, 24, 6
② 3.2)9.4 → 2.9, 64, 300, 288, 12
③ 5.6)3.4.5 → 0.61, 336, 90, 56, 34

4 ① 2.5 ② 22.05

33ページ まとめのテスト②

1
① 23)17.2 → 0.7, 161, 1.1
② 17)8.32 → 0.48, 68, 152, 136, 0.16
③ 2.8)59.3 → 21, 56, 33, 28, 0.5
④ 8.2)5.9.1 → 0.7, 574, 0.17
⑤ 0.41)3.20 → 7.8, 287, 330, 328, 0.002
⑥ 3.7)6.3.4 → 1.71, 37, 264, 259, 50, 37, 0.013

2 ① 5.7 ② 5.4 ③ 0.85
3 ① 3 ② 2 ③ 0.6
4 ① 2.1 ② 6.75

たしかめよう！
小数のわり算で，あまりの小数点は，わられる数のもとの小数点にそろえてうちます。

---

6 整数の性質

34ページ 基本のワーク

☆ 倍数, 18, 24, 30, 36, 42, 48,
24, 32, 40, 48, 56, 64
公倍数, 24, 48
答え 6の倍数…6, 12, 18, 24, 30, 36, 42, 48
8の倍数…8, 16, 24, 32, 40, 48, 56, 64
6と8の公倍数…24, 48

1 ① 4, 8, 12, 16
② 9, 18, 27, 36
③ 12, 24, 36, 48
④ 15, 30, 45, 60
2 13, 52, 65, 91
3 ① 24, 48, 72   ② 12, 24, 36
③ 35, 70, 105   ④ 21, 42, 63
⑤ 36, 72, 108
4 ① 42, 84, 126   ② 30, 60, 90

35ページ 基本のワーク

☆ 最小公倍数, 20, 20, 40, 60,
20, 20, 20, 40, 20, 60
答え 最小公倍数…20   公倍数…20, 40, 60
1 ① 最小公倍数…14   公倍数…14, 28, 42
② 最小公倍数…40   公倍数…40, 80, 120
③ 最小公倍数…18   公倍数…18, 36, 54
④ 最小公倍数…16   公倍数…16, 32, 48
⑤ 最小公倍数…45   公倍数…45, 90, 135
⑥ 最小公倍数…60   公倍数…60, 120, 180
2 ① 最小公倍数…36   公倍数…36, 72, 108
② 最小公倍数…72   公倍数…72, 144, 216

36ページ 基本のワーク

☆ ① 2, 8   答え 1, 2, 4, 8
② 17   答え 1, 17
1 ① 1, 2, 7, 14   ② 1, 2, 4, 8, 16
③ 1, 2, 3, 6, 9, 18   ④ 1, 5, 25
⑤ 1, 5, 7, 35   ⑥ 1, 29   ⑦ 1, 71
⑧ 1, 3, 7, 9, 21, 63   ⑨ 1, 7, 13, 91
⑩ 1, 2, 5, 10, 25, 50   ⑪ 1, 3, 9, 27, 81

37ページ 基本のワーク

☆ 《1》
12の約数 0 ①②③④ 5 ⑥ 7 8 9 10 11 ⑫
16の約数 0 ①②③④ 5 6 7 ⑧ 9 10 11 12 13 14 15 ⑯
《2》4, 6, 12, 4
答え 公約数…1, 2, 4   最大公約数…4

❶ ① 公約数…1, 2　② 公約数…1, 3
　　最大公約数…2　　　最大公約数…3
　③ 公約数…1　④ 公約数…1, 2, 7, 14
　　最大公約数…1　　　最大公約数…14
❷ 公約数…1, 3, 9　　最大公約数…9

38ページ まとめのテスト❶

1 ① 7, 14, 21　② 17, 34, 51
2 ① 56, 112, 168　② 56, 112, 168
　③ 70, 140, 210　④ 36, 72, 108
3 ① 42　② 72　③ 60　④ 90
4 ① 1, 2, 3, 6
　② 1, 3, 9
　③ 1, 13
　④ 1, 3, 9, 27
　⑤ 1, 2, 4, 5, 10, 20
　⑥ 1, 2, 3, 4, 6, 8, 12, 24
5 ① 1, 2　② 1, 5　③ 1, 3, 9
　④ 1, 2, 4, 8
6 ① 3　② 4　③ 14　④ 6

39ページ まとめのテスト❷

1 ① 5, 10, 15　② 19, 38, 57
2 ① 45, 90, 135　② 40, 80, 120
　③ 36, 72, 108　④ 90, 180, 270
3 ① 84　② 70　③ 48　④ 72
4 ① 1, 2, 5, 10
　② 1, 3, 5, 15
　③ 1, 2, 4, 7, 14, 28
　④ 1, 2, 3, 4, 6, 9, 12, 18, 36
5 ① 1, 3　② 1　③ 1, 2, 3, 6
　④ 1, 3, 9
6 ① 5　② 13　③ 6　④ 17

7 図形の角

40ページ 基本のワーク

☆ ① 70, 60　　答え 60
　② 80, 70, 180, 70, 110　　答え 110
❶ ① 45°　② 65°　③ 35°　④ 125°
　⑤ 105°　⑥ 75°
❷ ① 100°　② 60°　③ 150°

41ページ 基本のワーク

☆ ① 90, 130　　答え 130
　② 75, 80, 180, 80, 100　　答え 100
❶ ① 75°　② 45°　③ 90°　④ 105°
❷ ① 70°　② 105°　③ 50°　④ 60°
　⑤ お…60°　か…70°　き…50°

42ページ 基本のワーク

☆ ① 3, 3, 540　　答え 540
　② 4, 4, 720　　答え 720
❶ 900°
❷ 1080°
❸

	三角形	四角形	五角形	六角形	七角形	八角形
三角形の数	1	2	3	4	5	6
角の大きさの和	180°	360°	540°	720°	900°	1080°

43ページ まとめのテスト

1 ① 70°　② 25°　③ 45°　④ 135°
　⑤ 70°
2 ① 80°　② 110°　③ 55°　④ 65°
　⑤ 40°
3 あ…120°　い…15°

たしかめよう!
三角形の3つの角の大きさの和は180°です。
四角形の4つの角の大きさの和は360°です。

8 分数のたし算とひき算

44ページ 基本のワーク

☆ ①
$$\frac{2}{3} \xrightarrow{\times 2} \frac{4}{6} \xrightarrow{\times 3} \frac{6}{9}, \quad \frac{2}{3}\xrightarrow{\times 3}\frac{6}{9}$$
答え 同じ数

②
$$\frac{6}{9} \xrightarrow{\div 3} \frac{4}{6} \xrightarrow{\div 2} \frac{2}{3}, \quad \frac{6}{9}\xrightarrow{\div 3}\frac{2}{3}$$
答え 同じ数

❶ ① 6, 9　② 12, 18　③ 10, 8
　④ 8　⑤ 5　⑥ 6, 3

8

❷ ① 〈例〉 $\frac{6}{16}$, $\frac{9}{24}$, $\frac{12}{32}$ ② 〈例〉 $\frac{10}{8}$, $\frac{15}{12}$, $\frac{20}{16}$
   ③ 〈例〉 $\frac{2}{5}$, $\frac{4}{10}$, $\frac{12}{30}$ ④ 〈例〉 $\frac{1}{5}$, $\frac{2}{10}$, $\frac{8}{40}$

👆 たしかめよう！
$\frac{●}{■} = \frac{●×▲}{■×▲}$　　$\frac{●}{■} = \frac{●÷▲}{■÷▲}$

45 ページ 基本のワーク

☆ 《1》 9, 3
　《2》 3　　　　　　　　　　答え $\frac{3}{5}$

❶ ① $\frac{1}{3}$, $\frac{1}{3}$　② $\frac{3}{2}$, $\frac{3}{2}$　③ $\frac{3}{4}$, $2\frac{3}{4}$

❷ ① $\frac{1}{2}$　② $\frac{3}{2}$　③ $\frac{2}{3}$
　④ $\frac{4}{3}$　⑤ $\frac{2}{3}$　⑥ $\frac{2}{3}$
　⑦ $1\frac{4}{5}$　⑧ $2\frac{3}{5}$　⑨ $3\frac{5}{6}$

46 ページ 基本のワーク

☆ 16, 20, 24
　20, 25, 30　　　　　　　　答え $\frac{5}{6}$

❶ 18, 24, 12

$\frac{3}{4} = \frac{9}{12}$ (×3)　$\frac{5}{6} = \frac{10}{12}$ (×2)

答え $\left(\frac{9}{12}, \frac{10}{12}\right)$

❷ ① $\left(\frac{21}{28}, \frac{20}{28}\right)$, >　② $\left(\frac{15}{20}, \frac{16}{20}\right)$, <
　③ $\left(\frac{27}{42}, \frac{20}{42}\right)$, >　④ $\left(2\frac{27}{45}, 2\frac{20}{45}\right)$, >
　⑤ $\left(\frac{4}{12}, \frac{9}{12}, \frac{10}{12}\right)$, <, <

47 ページ 基本のワーク

☆ ① 12, 12, $\frac{8}{12}$, $\frac{9}{12}$, $\frac{17}{12}\left(1\frac{5}{12}\right)$　　答え $\frac{17}{12}\left(1\frac{5}{12}\right)$

　② 24, 24, $\frac{4}{24}$, $\frac{15}{24}$, $\frac{19}{24}$　　　答え $\frac{19}{24}$

❶ ① 3, $\frac{10}{15}$, $\frac{13}{15}$　② $\frac{2}{4}$, $\frac{5}{4}\left(1\frac{1}{4}\right)$

❷ ① $\frac{7}{10}$　② $\frac{13}{12}\left(1\frac{1}{12}\right)$　③ $\frac{17}{8}\left(2\frac{1}{8}\right)$
　④ $\frac{25}{18}\left(1\frac{7}{18}\right)$　⑤ $\frac{31}{14}\left(2\frac{3}{14}\right)$　⑥ $\frac{19}{24}$
　⑦ $\frac{23}{50}$　⑧ $\frac{49}{48}\left(1\frac{1}{48}\right)$

48 ページ 基本のワーク

☆ 18, 18, $\frac{4}{18}$, $\frac{5}{18}$, $\frac{\overset{1}{9}}{\underset{2}{18}}$　　　　答え $\frac{1}{2}$

❶ ① $\frac{5}{10}$, $\frac{\overset{6}{12}}{\underset{5}{10}}$, $\frac{6}{5}\left(1\frac{1}{5}\right)$
　② 15, $\frac{7}{42}$, $\frac{\overset{11}{22}}{\underset{21}{42}}$, $\frac{11}{21}$

❷ ① $\frac{1}{2}$　② $\frac{17}{15}\left(1\frac{2}{15}\right)$　③ $\frac{4}{3}\left(1\frac{1}{3}\right)$
　④ $\frac{7}{10}$　⑤ $\frac{17}{20}$　⑥ $\frac{5}{6}$
　⑦ $\frac{17}{9}\left(1\frac{8}{9}\right)$

49 ページ 基本のワーク

☆ ① 20, 20, $\frac{15}{20}$, $\frac{4}{20}$, $\frac{11}{20}$　　　答え $\frac{11}{20}$
　② 24, 24, $\frac{20}{24}$, $\frac{9}{24}$, $\frac{11}{24}$　　　答え $\frac{11}{24}$

❶ ① 14, $\frac{12}{21}$, $\frac{2}{21}$　② $\frac{4}{8}$, $\frac{3}{8}$

❷ ① $\frac{1}{15}$　② $\frac{7}{12}$　③ $\frac{5}{9}$　④ $\frac{5}{24}$
　⑤ $\frac{25}{56}$　⑥ $\frac{77}{60}\left(1\frac{17}{60}\right)$　⑦ $\frac{11}{48}$　⑧ $\frac{22}{75}$

50 ページ 基本のワーク

☆ 30, 30, $\frac{25}{30}$, $\frac{16}{30}$, $\frac{\overset{3}{9}}{\underset{10}{30}}$, $\frac{3}{10}$　　　答え $\frac{3}{10}$

❶ ① $\frac{5}{10}$, $\frac{\overset{1}{2}}{\underset{5}{10}}$, $\frac{1}{5}$
　② 77, $\frac{8}{42}$, $\frac{\overset{23}{69}}{\underset{14}{42}}$, $\frac{23}{14}\left(1\frac{9}{14}\right)$

❷ ① $\frac{1}{4}$　② $\frac{2}{15}$　③ $\frac{20}{21}$　④ $\frac{7}{6}\left(1\frac{1}{6}\right)$
　⑤ $\frac{25}{28}$　⑥ $\frac{5}{6}$　⑦ $\frac{3}{4}$

51 ページ まとめのテスト

1 ① 12, 16　② 6, 15
2 ① $\frac{3}{4}$　② $\frac{2}{3}$　③ $\frac{4}{3}$　④ $1\frac{1}{6}$
3 ① $\left(\frac{3}{15}, \frac{10}{15}\right)$　② $\left(\frac{6}{8}, \frac{5}{8}\right)$

③ $\left(1\frac{42}{60},\ 1\frac{25}{60}\right)$

④ ❶ $\frac{25}{28}$ ❷ $\frac{47}{24}\left(1\frac{23}{24}\right)$ ❸ $\frac{11}{18}$ ❹ $\frac{7}{15}$
　 ❺ $\frac{5}{3}\left(1\frac{2}{3}\right)$ ❻ $\frac{19}{20}$

⑤ ❶ $\frac{1}{24}$ ❷ $\frac{7}{10}$ ❸ $\frac{7}{18}$ ❹ $\frac{8}{7}\left(1\frac{1}{7}\right)$
　 ❺ $\frac{9}{10}$ ❻ $\frac{13}{45}$

⑥ ❶ $\frac{23}{30}$ ❷ $\frac{8}{7}\left(1\frac{1}{7}\right)$

9 帯分数のたし算とひき算

52ページ　基本のワーク

☆《1》2, $3\frac{1}{2}$, $3\frac{1}{2}$

《2》7, 7, 14, 7, $\frac{21}{2}$, $\frac{7}{2}\left(3\frac{1}{2}\right)$

答え $3\frac{1}{2}\left(\frac{7}{2}\right)$

❶ ❶ 9, 2, $1\frac{11}{12}$ ❷ 7, 9, 14, $\frac{23}{12}\left(1\frac{11}{12}\right)$
❷ ❶ $1\frac{5}{6}\left(\frac{11}{6}\right)$ ❷ $2\frac{17}{30}\left(\frac{77}{30}\right)$
　 ❸ $3\frac{8}{9}\left(\frac{35}{9}\right)$ ❹ $5\frac{19}{24}\left(\frac{139}{24}\right)$
❸ ❶ $3\frac{1}{4}\left(\frac{13}{4}\right)$ ❷ $2\frac{5}{6}\left(\frac{17}{6}\right)$
　 ❸ $6\frac{14}{15}\left(\frac{104}{15}\right)$ ❹ $4\frac{7}{12}\left(\frac{55}{12}\right)$

53ページ　基本のワーク

☆《1》6, $\frac{15}{2}$, $1\frac{1}{2}$, $6\frac{1}{2}$

《2》13, 39, 26, 39, $\frac{65}{2}$, $\frac{13}{2}\left(6\frac{1}{2}\right)$

答え $6\frac{1}{2}\left(\frac{13}{2}\right)$

❶ ❶ 20, 9, $\frac{29}{24}$, $1\frac{5}{24}$, $3\frac{5}{24}$ ❷ 19, 20, 57, $\frac{77}{24}\left(3\frac{5}{24}\right)$
❷ ❶ $2\frac{1}{4}\left(\frac{9}{4}\right)$ ❷ $3\frac{4}{35}\left(\frac{109}{35}\right)$
　 ❸ $6\frac{5}{18}\left(\frac{113}{18}\right)$ ❹ $4\frac{7}{30}\left(\frac{127}{30}\right)$
❸ ❶ $2\frac{2}{3}\left(\frac{8}{3}\right)$ ❷ $3\frac{4}{9}\left(\frac{31}{9}\right)$
　 ❸ $5\frac{1}{30}\left(\frac{151}{30}\right)$

54ページ　基本のワーク

☆《1》6, $1\frac{5}{2}$, $1\frac{1}{2}$

《2》13, 11, 26, 11, $\frac{15}{2}$, $\frac{3}{2}\left(1\frac{1}{2}\right)$

答え $1\frac{1}{2}\left(\frac{3}{2}\right)$

❶ ❶ 15, 14, $1\frac{1}{18}$
　 ❷ 11, 33, 14, $\frac{19}{18}\left(1\frac{1}{18}\right)$
❷ ❶ $1\frac{1}{6}\left(\frac{7}{6}\right)$ ❷ $2\frac{11}{36}\left(\frac{83}{36}\right)$
　 ❸ $2\frac{13}{24}\left(\frac{61}{24}\right)$ ❹ $2\frac{9}{20}\left(\frac{49}{20}\right)$
❸ ❶ $3\frac{1}{7}\left(\frac{22}{7}\right)$ ❷ $\frac{1}{3}$
　 ❸ $1\frac{17}{33}\left(\frac{50}{33}\right)$ ❹ $2\frac{3}{20}\left(\frac{43}{20}\right)$

55ページ　基本のワーク

☆《1》10, 17, 10, $1\frac{7}{14}$, $1\frac{1}{2}$

《2》45, 12, 45, 24, $\frac{21}{2}$, $\frac{3}{2}\left(1\frac{1}{2}\right)$

答え $1\frac{1}{2}\left(\frac{3}{2}\right)$

❶ ❶ 2, 7, 26, 7, $1\frac{19}{24}$
　 ❷ 25, 50, 7, $\frac{43}{24}\left(1\frac{19}{24}\right)$
❷ ❶ $2\frac{35}{36}\left(\frac{107}{36}\right)$ ❷ $1\frac{17}{30}\left(\frac{47}{30}\right)$
　 ❸ $1\frac{24}{25}\left(\frac{49}{25}\right)$ ❹ $\frac{49}{60}$
❸ ❶ $1\frac{11}{21}\left(\frac{32}{21}\right)$ ❷ $2\frac{1}{3}\left(\frac{7}{3}\right)$
　 ❸ $1\frac{13}{15}\left(\frac{28}{15}\right)$

56ページ　基本のワーク

☆《1》30, 10, 21, 25, $\frac{6}{5}$, $1\frac{1}{5}$

《2》7, 11, 70, 21, 55, $\frac{36}{5}$, $\frac{6}{5}\left(1\frac{1}{5}\right)$

答え $1\frac{1}{5}\left(\frac{6}{5}\right)$

❶ ❶ 3, 8, 2, 15, 8, 2, $\frac{5}{12}$
　 ❷ 13, 8, 39, 32, 2, $\frac{5}{12}$
❷ ❶ $4\frac{1}{12}\left(\frac{49}{12}\right)$ ❷ $1\frac{19}{60}\left(\frac{79}{60}\right)$
　 ❸ $\frac{7}{18}$ ❹ $\frac{11}{24}$

③ ① $3\frac{7}{10}\left(\frac{37}{10}\right)$　② $\frac{7}{9}$
　③ $1\frac{2}{3}\left(\frac{5}{3}\right)$　④ $1\frac{1}{14}\left(\frac{15}{14}\right)$

57ページ まとめのテスト

1 ① $1\frac{11}{12}\left(\frac{23}{12}\right)$　② $3\frac{7}{18}\left(\frac{61}{18}\right)$　③ $4\frac{8}{21}\left(\frac{92}{21}\right)$
　④ $2\frac{1}{2}\left(\frac{5}{2}\right)$　⑤ $3\frac{4}{15}\left(\frac{49}{15}\right)$　⑥ $4\frac{1}{8}\left(\frac{33}{8}\right)$
　⑦ $4\frac{3}{8}\left(\frac{35}{8}\right)$　⑧ $6\frac{1}{20}\left(\frac{121}{20}\right)$

2 ① $1\frac{11}{24}\left(\frac{35}{24}\right)$　② $\frac{17}{35}$　③ $2\frac{2}{9}\left(\frac{20}{9}\right)$
　④ $\frac{23}{24}$　⑤ $1\frac{9}{20}\left(\frac{29}{20}\right)$　⑥ $1\frac{3}{4}\left(\frac{7}{4}\right)$
　⑦ $\frac{17}{20}$　⑧ $1\frac{1}{6}\left(\frac{7}{6}\right)$

3 ① $3\frac{17}{24}\left(\frac{89}{24}\right)$　② $1\frac{4}{5}\left(\frac{9}{5}\right)$　③ $2\frac{1}{2}\left(\frac{5}{2}\right)$
　④ $\frac{9}{35}$

てびき

3 ① $\frac{3}{8}+\frac{11}{6}+1\frac{1}{2}=\frac{9}{24}+\frac{44}{24}$
$+1\frac{12}{24}=1\frac{65}{24}=3\frac{17}{24}$
または、$\frac{3}{8}+\frac{11}{6}+1\frac{1}{2}=\frac{3}{8}+\frac{11}{6}+\frac{3}{2}$
$=\frac{9}{24}+\frac{44}{24}+\frac{36}{24}=\frac{89}{24}$

② $1\frac{3}{10}-\frac{2}{3}+1\frac{1}{6}=1\frac{9}{30}-\frac{20}{30}+1\frac{5}{30}$
$=\frac{39}{30}-\frac{20}{30}+1\frac{5}{30}=1\frac{24}{30}=1\frac{4}{5}$
または、$1\frac{3}{10}-\frac{2}{3}+1\frac{1}{6}=\frac{13}{10}-\frac{2}{3}+\frac{7}{6}$
$=\frac{39}{30}-\frac{20}{30}+\frac{35}{30}=\frac{54}{30}=\frac{9}{5}$

③ $\frac{7}{6}+2\frac{3}{4}-1\frac{5}{12}=\frac{14}{12}+2\frac{9}{12}-1\frac{5}{12}$
$=1\frac{18}{12}=1\frac{3}{2}=2\frac{1}{2}$
または、$\frac{7}{6}+2\frac{3}{4}-1\frac{5}{12}=\frac{7}{6}+\frac{11}{4}-\frac{17}{12}$
$=\frac{14}{12}+\frac{33}{12}-\frac{17}{12}=\frac{30}{12}=\frac{5}{2}$

④ $4\frac{3}{5}-2\frac{7}{10}-1\frac{9}{14}$
$=4\frac{42}{70}-2\frac{49}{70}-1\frac{45}{70}$
$=3\frac{112}{70}-2\frac{49}{70}-1\frac{45}{70}=\frac{18}{70}=\frac{9}{35}$
または、$4\frac{3}{5}-2\frac{7}{10}-1\frac{9}{14}=\frac{23}{5}-\frac{27}{10}-\frac{23}{14}$

$=\frac{322}{70}-\frac{189}{70}-\frac{115}{70}=\frac{18}{70}=\frac{9}{35}$

10 分数と小数

58ページ 基本のワーク

☆ 4, 3, 3　答え $\frac{3}{4}$
① ① $\frac{2}{7}$　② $\frac{5}{6}$　③ $\frac{13}{24}$
　④ $\frac{1}{12}$　⑤ $\frac{9}{7}\left(1\frac{2}{7}\right)$　⑥ $\frac{23}{3}\left(7\frac{2}{3}\right)$
② ① 5　② 1　③ 9
　④ 14　⑤ 10
③ $\frac{5}{6}$ m

59ページ 基本のワーク

☆ ① 5, 0.4　答え 0.4
　② 0.56　答え 0.56
①
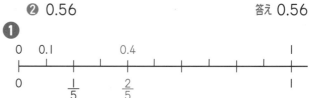
② ① 0.25　② 0.8　③ 1.5
　④ 0.625　⑤ 0.7　⑥ 0.15
③ ㋐, ㋑

60ページ 基本のワーク

☆ ① 3, $\frac{3}{10}$　答え $\frac{3}{10}$
　② 27, $\frac{27}{100}$　答え $\frac{27}{100}$
　③ 9, $\frac{9}{1000}$　答え $\frac{9}{1000}$
① 5, 5
② ① $\frac{4}{1000}\left(\frac{1}{250}\right)$　② $\frac{37}{100}$
　③ $\frac{31}{10}\left(3\frac{1}{10}\right)$　④ $\frac{8}{1}$
③ ① <　② =　③ >

61ページ 基本のワーク

☆ ⟪1⟫ 3, 3, $\frac{9}{10}$　答え $\frac{9}{10}$
　⟪2⟫ 0.6, 0.9　答え 0.9
① ⟪1⟫ $\frac{1}{3}$　⟪2⟫ 4, $\frac{1}{3}$　⟪3⟫ 1, $\frac{1}{3}$　答え $\frac{1}{3}$
② ① 0.9$\left(\frac{9}{10}\right)$　② $\frac{11}{70}$

③ ① $\frac{2}{3}$ ② $\frac{3}{4}$ ③ $1\frac{5}{6}\left(\frac{11}{6}\right)$

62ページ まとめのテスト①
1 ① $\frac{5}{8}$ ② $\frac{16}{7}\left(2\frac{2}{7}\right)$
2 ① 0.6 ② 0.167 ③ 1.55 ④ 0.32
3 ① $\frac{7}{10}$ ② $\frac{29}{100}$ ③ $\frac{25}{1000}\left(\frac{1}{40}\right)$ ④ $\frac{9}{1}$
4 ① $\frac{4}{5} < 0.9$ ② $0.72 > \frac{5}{7}$
5 ① $\frac{8}{15}$ ② $\frac{1}{8}(0.125)$ ③ $\frac{3}{2}\left(1\frac{1}{2},\ 1.5\right)$ ④ $\frac{14}{15}$
6 ① $\frac{1}{5}$ ② $1\frac{3}{4}\left(\frac{7}{4}\right)$ ③ $\frac{11}{12}$

63ページ まとめのテスト②
1 ① $\frac{7}{9}$ ② $\frac{25}{7}\left(3\frac{4}{7}\right)$
2 ① 0.875 ② 0.889 ③ 2.1 ④ 0.583
3 ① $\frac{9}{1000}$ ② $\frac{17}{100}$ ③ $\frac{208}{100}\left(\frac{52}{25},\ 2\frac{2}{25}\right)$ ④ $\frac{13}{1}$
4 ① $\frac{4}{7}$, 0.6, $\frac{2}{3}$ ② $\frac{9}{8}$, 1.2, $\frac{5}{4}$, $1\frac{2}{7}$
5 ① $\frac{5}{4}\left(1\frac{1}{4},\ 1.25\right)$ ② $\frac{2}{15}$ ③ $\frac{39}{35}\left(1\frac{4}{35}\right)$ ④ $\frac{17}{12}\left(1\frac{5}{12}\right)$
6 ① $1\frac{5}{12}\left(\frac{17}{12}\right)$ ② $\frac{4}{5}$ ③ $1\frac{2}{3}\left(\frac{5}{3}\right)$

11 平均と単位量あたりの大きさ

64ページ 基本のワーク
☆ 4, 80 答え 80
1 54g
2 3さつ
3 2.5点
4 30, 2400 答え 2400mL

65ページ 基本のワーク
☆ 《1》12, 30, 0.4
《2》30, 12, 2.5 答え A
1 56420, 56, 1007.5 答え A市
2 ① 36g ② 5m

66ページ まとめのテスト①
1 ① 8.8dL ② 31分 ③ 23.1kg
2 ① 27 ② 11
3 175ページ
4 ① 3.75kg ② 7.5㎡
5 A県…約150人 B県…約110人
6 ① 2.5㎡ ② 5.88kg

67ページ まとめのテスト②
1 ① 38L ② 80点 ③ 25.1cm
2 ① 43 ② 3
3 24まい
4 ① 6g ② 0.9L ③ 200円
5 A市…約1700人 B市…約1300人
6 ① 392km ② 25L

たしかめよう!
平均＝合計÷個数

12 速さ

68ページ 基本のワーク
☆ ① 4, 2, 5 答え 4, 5
② 0.25, 10, 0.2 答え 0.25, 0.2
③ 短い, B 答え B
1 ① A…50km B…40km
② A…0.02時間 B…0.025時間
③ Aの自動車
2 ① 自転車A
② 鳥
③ 犬
④ 船B
⑤ カンガルー

69ページ 基本のワーク
☆ 時間, 1時間, 分速, 1秒間
① 4, 4 答え 4
② 6, 200 答え 200
1 ① 時速45km ② 分速65m
③ 秒速5m ④ 時速50km
⑤ 分速250m ⑥ 秒速340m
2 ① 秒速0.08km ② 分速1.8km
③ 時速299.5km

てびき
1 ⑥ 5100÷15=340
2 ③ 119.8÷0.4=299.5

70 ページ 基本のワーク

☆ 道のり，速さ
- ❶ 70，210　　　　　　　　　　　答え 210
- ❷ 720，90，90，1350　　　　　答え 1350

❶
- ❶ 405cm
- ❷ 1500m
- ❸ 140km
- ❹ 1625m
- ❺ 1200m
- ❻ 54km

❷
- ❶ 27km
- ❷ 3000m
- ❸ 68km
- ❹ 19.2km

てびき ❷ ❸ 列車の時速は，170÷2＝85 (km)だから，85×0.8＝68(km)
❹ 馬の分速は，32÷25＝1.28(km) だから，1.28×15＝19.2(km)

71 ページ 基本のワーク

☆ 時間，速さ
- ❶ 1600，25　　　　　　　　　　答え 25
- ❷ 42，1.2，1.2，25　　　　　　答え 25

❶
- ❶ 5時間
- ❷ 16分
- ❸ 75秒
- ❹ 50分
- ❺ 25秒
- ❻ 1.2時間

❷
- ❶ 7.5秒
- ❷ 20分
- ❸ 1.35時間

てびき ❷ ❷ 走る人の分速は，8÷32＝ 0.25(km)だから，5÷0.25＝20(分)
❸ 道のりは，45×1.2＝54(km)
帰りにかかる時間は，54÷40＝1.35(時間)

72 ページ 基本のワーク

☆
- ❶ 180，180，10800，10.8　　　答え 180，10.8
- ❷ 45000，750，750，12.5　　　答え 750，12.5

❶
- 〈秒速〉…60，3.5，3.5
- 〈時速〉…60，12600，12.6，12.6

❷
- ❶ 分速800m
- ❷ 秒速0.2cm
- ❸ 秒速82.5m
- ❹ 時速9.6km
- ❺ 分速1440km
- ❻ 時速4.32km

❸

	秒速	分速	時速
自動車	17.5m	1050m	63km
電車	20.5m	1230m	73.8km
飛行機	275m	16.5km	990km

てびき ❸ 自動車の速さでは，
分速…(63×1000)÷60＝1050(m)
秒速…1050÷60＝17.5(m)
また，飛行機の速さでは，
分速…(275÷1000)×60＝16.5(km)
時速…16.5×60＝990(km)

73 ページ 基本のワーク

☆
- ❶ 0.8，0.8，28　　　　　　　　答え 28
- ❷ 5400，5.4，5.4，1.5　　　　答え 1.5

❶
- ❶ 153km
- ❷ 130m
- ❸ 2.4km
- ❹ 900m

❷
- ❶ 5分
- ❷ 1.5時間
- ❸ 75分
- ❹ 30分

てびき ❶ ❹ 自動車の時速は 216÷3＝72(km)だから，
秒速は，(72×1000)÷60÷60＝20(m)
45秒間に進む道のりは，20×45＝900(m)
❷ ❹ 時速6kmを分速で表すと，6÷60＝0.1 (km)だから，道のりは，0.1×20＝2(km)
帰りにかかる時間は，2÷4＝0.5(時間)だから，0.5×60＝30(分)

74 ページ まとめのテスト❶

❶
- ❶ 時速24km
- ❷ 分速65m
- ❸ 秒速52m

❷
- ❶ 77km
- ❷ 2880m
- ❸ 130m

❸
- ❶ 1.2時間
- ❷ 2.5分
- ❸ 6.4秒

❹

	秒速	分速	時速
電車	25m	1.5km	90km
自動車	20m	1.2km	72km

❺
- ❶ 分速375m
- ❷ 8.4km
- ❸ 12秒

たしかめよう！
速さ＝道のり÷時間
道のり＝速さ×時間
時間＝道のり÷速さ

75 ページ まとめのテスト❷

❶
- ❶ 時速85km
- ❷ 秒速28.5m
- ❸ 分速312m

❷
- ❶ 144km
- ❷ 45.5km
- ❸ 507m

❸
- ❶ 1.8時間
- ❷ 25分
- ❸ 15秒

❹

	秒速	分速	時速
歩く人	1.25m	75m	4.5km
自転車	5.75m	345m	20.7km

13

5 ❶ 分速 720m ❷ 300m ❸ 12分

てびき **5** ❶ 時速 36km を分速で表すと，
(36×1000)÷60=600(m) だから，道のり
は，600×24=14400(m)
この道のりを 20分で進むときの分速は，
14400÷20=720(m)
❷ 時速 54km を秒速で表すと，
(54×1000)÷60÷60=15(m)
20秒間に進む道のりは，15×20=300(m)
❸ 歩く人の時速は 7.2÷1.6=4.5(km) だか
ら，分速で表すと，(4.5×1000)÷60=75(m)
900m 進むのにかかる時間は，
900÷75=12(分)

13 図形の面積

76ページ 基本のワーク

☆ 底辺，高さ，10，5，50　　　答え 50
❶ ❶ 80cm²　　❷ 24cm²　　❸ 60cm²
　❹ 224cm²　　❺ 42cm²
❷ ア…20cm²　　イ…20cm²　　ウ…20cm²

77ページ 基本のワーク

☆ 底辺，高さ，2，12，9，2，54　　答え 54
❶ ❶ 48cm²　　❷ 12.5cm²　　❸ 6cm²
　❹ 30cm²　　❺ 96cm²
❷ ア…6cm²　　イ…6cm²　　ウ…6cm²

78ページ 基本のワーク

☆ ❶ 高さ，2，3，2，15　　　答え 15
　❷ 2，5，2，20　　　答え 20
❶ ❶ 100cm²　　❷ 40cm²
　❸ 84cm²　　❹ 31.5cm²
❷ ❶ 70cm²　　❷ 24cm²

79ページ 基本のワーク

☆ 《1》6，4，40　　　答え 40
　《2》6，4，8，40　　　答え 40
❶ ❶ 28cm²　　❷ 32cm²
　❸ 42cm²
❷ 8cm

80ページ まとめのテスト❶

1 ❶ 120cm²　　❷ 72cm²
2 ❶ 60cm²　　❷ 90cm²

3 ❶ 22cm²　　❷ 104cm²
　❸ 36cm²　　❹ 14cm²
4 6.4cm
5 60cm²

81ページ まとめのテスト❷

1 ❶ 63cm²　　❷ 45cm²
2 ❶ 2cm²　　❷ 3.78cm²
3 ❶ 140cm²　　❷ 49cm²
　❸ 13.5cm²　　❹ 1.6cm²
4 40m²
5 7.5cm

たしかめよう！

平行四辺形の面積＝底辺×高さ
三角形の面積＝底辺×高さ÷2
台形の面積＝(上底＋下底)×高さ÷2
ひし形の面積＝一方の対角線×もう一方の対角線÷2

14 2つの変わる数量と比例

82ページ 基本のワーク

☆ ❶

高さ(cm)	1	2	3	4	5
面積(cm²)	6	12	18	24	30

　❷　　　　　　　　　　　答え 2，3
❶ ❶ 6×□=○　　❷ 54cm²　　❸ 15cm
❷

高さ(cm)	1	2	3	4	5
体積(cm³)	12	24	36	48	60

比例している。

83ページ まとめのテスト

1 ⑦

兄の本数□(本)	1	2	3	4	5
弟の本数○(本)	19	18	17	16	15

　式 □+○=20　　　比例していない。
　⑦

たての長さ□(cm)	1	2	3	4	5
横の長さ○ (cm)	9	8	7	6	5

　式 □+○=10　　　比例していない。
　⑦

個数□(個)	1	2	3	4	5
代金○(円)	80	160	240	320	400

　式 80×□=○　　　比例している。
　⑦

たての長さ□(cm)	1	2	3	4	5
横の長さ○ (cm)	24	12	8	6	4.8

　式 □×○=24　　　比例していない。

② ❶

高さ(cm)	1	2	3	4	5
面積(cm²)	2	4	6	8	10

   ❷ 2×□＝○

   ❸ 比例している。

   ❹ 15cm

15 割 合

84ページ 基本のワーク

☆ 12, 0.75   答え 0.75

  7, 10, 0.7   答え 0.7

❶ ゆたか…0.6   みさき…0.65

❷ ❶ 0.6   ❷ 1.5

85ページ 基本のワーク

☆ 16, 0.75   答え 0.75   75

❶ ❶ 9%   ❷ 16%   ❸ 50%

  ❹ 38.4%   ❺ 100%   ❻ 120%

❷ 7割5分

❸ ❶ 6割   ❷ 2割1分5厘   ❸ 2分

  ❹ 0.4   ❺ 0.593   ❻ 0.038

86ページ 基本のワーク

☆ 0.2, 350, 0.2, 70   答え 70

❶ 6L

❷ 4人

❸ 360m²

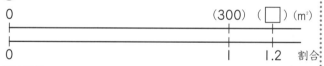

87ページ 基本のワーク

☆ 1.6, 32, 32, 1.6, 20   答え 20

❶ 60人

❷ 0.3, 0.7, 4000   答え 4000円

❸ 360円

88ページ まとめのテスト❶

❶ ❶ 4%   ❷ 93%   ❸ 2割3分

  ❹ 0.02   ❺ 0.34   ❻ 0.612

❷ ❶ 85   ❷ 7520   ❸ 1500

❸ 900

89ページ まとめのテスト❷

❶ ❶ 81.6%   ❷ 170%   ❸ 5割6分2厘

  ❹ 1.8   ❺ 0.075   ❻ 0.49

❷ ❶ 112   ❷ 144   ❸ 420

❸ 675

☞ **たしかめよう!**

割合＝比べられる量÷もとにする量
比べられる量＝もとにする量×割合
もとにする量＝比べられる量÷割合

16 円の円周

90ページ 基本のワーク

☆ 直径, 10, 31.4   答え 31.4

❶ ❶ 15.7cm   ❷ 62.8cm

  ❸ 6.28cm   ❹ 18.84cm

  ❺ 28.26cm   ❻ 25.12cm

91ページ 基本のワーク

☆ 157, 157, 50   答え 50

❶ ❶ 15cm   ❷ 25m   ❸ 4cm

❷ ❶ 約17.5cm   ❷ 約13.4m

92ページ 基本のワーク

☆ 4, 6, 9.42, 21.42   答え 21.42

❶ ❶ 28.56cm   ❷ 31.4cm   ❸ 21.42cm

93ページ まとめのテスト

❶ ❶ 40.82cm   ❷ 14.13m   ❸ 50.24cm

  ❹ 47.1m

❷ ❶ 7cm   ❷ 7m

❸ ❶ 77.1cm   ❷ 14.28cm

❹ ❶ 157cm   ❷ 30.84cm   ❸ 35.98cm

  ❹ 57.12cm   ❺ 41.4cm   ❻ 134.2cm

☞ **たしかめよう!**

円周＝直径×円周率

5年のまとめ

94ページ まとめのテスト❶

❶ ❶
```
    5.2
  × 4.1
    52
  208
  21.32
```
❷
```
   3.4 3
  ×  2.6
   2 0 5 8
   6 8 6
   8.9 1 8
```
❸
```
     2.1
  × 0.78
     168
    147
   1.6 38
```

④
$$\begin{array}{r} 5.18 \\ \times\ 4.61 \\ \hline 5\,18 \\ 3108 \\ 2072 \\ \hline 23.8798 \end{array}$$

⑤ 0.68　⑥ 0.06　⑦ 0.66　⑧ 78

2 ①
$$\begin{array}{r} 52 \\ 1.7\,)\overline{88.4} \\ 85 \\ \hline 34 \\ 34 \\ \hline 0 \end{array}$$
②
$$\begin{array}{r} 220 \\ 0.25\,)\overline{55.00} \\ 50 \\ \hline 5\,0 \\ 5\,0 \\ \hline 0 \end{array}$$
③
$$\begin{array}{r} 18 \\ 4.3\,)\overline{77.4} \\ 43 \\ \hline 344 \\ 344 \\ \hline 0 \end{array}$$

④
$$\begin{array}{r} 7 \\ 9.2\,)\overline{64.4} \\ 644 \\ \hline 0 \end{array}$$

⑤ 0.85　⑥ 2.2　⑦ 6.15

3 ①
$$\begin{array}{r} 0.6 \\ 4.8\,)\overline{3.2.5} \\ 288 \\ \hline 0.37 \end{array}$$
②
$$\begin{array}{r} 2.9 \\ 2.15\,)\overline{6.40} \\ 4\,30 \\ \hline 2100 \\ 1935 \\ \hline 0.165 \end{array}$$

③
$$\begin{array}{r} 1.1 \\ 6.51\,)\overline{7.2.1} \\ 651 \\ \hline 700 \\ 651 \\ \hline 0.049 \end{array}$$
④
$$\begin{array}{r} 1.6 \\ 7.8\,)\overline{13.1.3} \\ 78 \\ \hline 533 \\ 468 \\ \hline 0.65 \end{array}$$

4 ① 2.21　② 2.35　③ 1.6
5 ① 9　② 62.1　③ 0.9

てびき

5 ① $8.2×4.5−6.2×4.5$
$=(8.2−6.2)×4.5=2×4.5=9$
② $2.5×6.21×4=(2.5×4)×6.21$
$=10×6.21=62.1$
③ $4.8÷1.6×0.3=3×0.3=0.9$

95ページ　まとめのテスト❷

1 ① 最小公倍数…24　　最大公約数…4
② 最小公倍数…72　　最大公約数…12
③ 最小公倍数…210　　最大公約数…3
2 ① $\frac{5}{4}\left(1\frac{1}{4}\right)$　② $\frac{8}{15}$　③ $\frac{9}{8}\left(1\frac{1}{8}\right)$　④ $\frac{4}{5}$
3 ① $1\frac{23}{28}\left(\frac{51}{28}\right)$　② $1\frac{7}{15}\left(\frac{22}{15}\right)$
③ $1\frac{23}{30}\left(\frac{53}{30}\right)$　④ $1\frac{8}{15}\left(\frac{23}{15}\right)$
4 ① $\frac{12}{5}$, 2.5　② $\frac{3}{10}$, 0.31, $\frac{1}{3}$
③ $\frac{17}{9}$, 1.9, $\frac{21}{11}$
5 ① $\frac{19}{20}(0.95)$　② $\frac{12}{35}$　③ $\frac{4}{3}\left(1\frac{1}{3}\right)$　④ $\frac{8}{15}$
6 ① 12g　② 91点
7 約2300人

てびき

5 ① $0.7+\frac{1}{4}=\frac{7}{10}+\frac{1}{4}=\frac{14}{20}+\frac{5}{20}$
$=\frac{19}{20}$
または, $0.7+\frac{1}{4}=0.7+0.25=0.95$
② $\frac{9}{14}−0.3=\frac{9}{14}−\frac{3}{10}=\frac{45}{70}−\frac{21}{70}$
$=\frac{24}{70}=\frac{12}{35}$
③ $\frac{1}{12}+1.25=\frac{1}{12}+\frac{5}{4}=\frac{1}{12}+\frac{15}{12}=\frac{16}{12}$
$=\frac{4}{3}\left(1\frac{1}{3}\right)$
④ $2.7−2\frac{1}{6}=\frac{27}{10}−\frac{13}{6}=\frac{81}{30}−\frac{65}{30}=\frac{16}{30}$
$=\frac{8}{15}$
6 ① $(18+12+7+23+0+15+9)÷7$
$=84÷7=12$
② $(87+91+82+90+96+100+91)÷7$
$=637÷7=91$

96ページ　まとめのテスト❸

1 ① 8800cm³　② 384cm³
2 ① 2.5　② 3500　③ 26
④ 3.42　⑤ 375　⑥ 4
3 ① あ…50°　い…70°　② う…62°　え…58°
4 ① 時速16km　② 123km　③ 37.5秒
④ 270m
5 ① 740cm²　② 594cm²
6 ① 41.12cm　② 25.7cm

てびき

2 ③ $65×0.4=26$
④ $3.6×0.95=3.42$
⑤ $500×(1−0.25)=500×0.75=375$
⑥ $5.2÷(1+0.3)=5.2÷1.3=4$
4 ④ 分速を秒速になおすと,
$360÷60=6$より, 秒速6m
求める道のりは,
$6×45=270$(m)
5 ① $37×32−37×(32−8)÷2=740$
② $24×36−6×36−24×3+6×3=594$
または, $(24−6)×(36−3)=594$
6 ① $12×2×3.14÷4+(12−8)×2$
$×3.14÷4+8×2=41.12$
② $5×3.14÷2×2+5×2=25.7$